André Berger

Entwicklung supraleitender, strombegrenzender Transformatoren

**Karlsruher Schriftenreihe zur Supraleitung
Band 003**

Herausgeber: Prof. Dr.-Ing. M. Noe
               Prof. Dr. rer. nat. M. Siegel

Entwicklung supraleitender, strombegrenzender Transformatoren

von
André Berger

Dissertation, Karlsruher Institut für Technologie
Fakultät für Elektrotechnik und Informationstechnik, 2011
Hauptreferent: Prof. Dr.-Ing. Mathias Noe
Korreferent: Prof. Dr.-Ing. Thomas Leibfried

Impressum

Karlsruher Institut für Technologie (KIT)
KIT Scientific Publishing
Straße am Forum 2
D-76131 Karlsruhe
www.ksp.kit.edu

KIT – Universität des Landes Baden-Württemberg und nationales
Forschungszentrum in der Helmholtz-Gemeinschaft

KIT Scientific Publishing 2011
Print on Demand

ISSN 1869-1765
ISBN 978-3-86644-637-3

Entwicklung supraleitender strombegrenzender Transformatoren

Zur Erlangung des akademischen Grades eines
DOKTOR-INGENIEURS
von der Fakultät für
Elektrotechnik und Informationstechnik
des Karlsruher Instituts für Technologie
genehmigte
DISSERTATION
von
Dipl.-Ing. André Berger
geb. in: Karlsruhe

Tag der mündlichen Prüfung: 25. Januar 2011
Hauptreferent: Prof. Dr.-Ing. Mathias Noe
Korreferent: Prof. Dr.-Ing. Thomas Leibfried

Danksagung

Die vorliegende Arbeit entstand am Institut für Technische Physik (ITEP) des Karlsruher Instituts für Technologie, dem ich für die fachliche und professionelle Unterstützung danke.

Mein Dank gilt insbesondere Prof. Dr.-Ing. Mathias Noe für die fachliche Unterstützung zur systematischen Erstellung der Arbeit sowie die Förderung durch Fortbildungen, Workshops und Konferenzteilnahmen.

Herrn Prof. Dr.-Ing. Thomas Leibfried danke ich für das Interesse an der Arbeit und die Übernahme des Korreferats.

Herrn Dr. Wilfried Goldacker danke ich für die fachlichen Ratschläge und die interessanten Gespräche. Darüber hinaus gilt mein herzlicher Dank den Kollegen Olaf Mäder, Dr. Christian Schacherer, Dr. Michael Schwarz, Dr. Klaus-Peter Weiss, Dr. Alexander Winkler, Andrej Kudymow und Dr. Sonja Schlachter für die zahlreichen fachlichen und persönlichen Gespräche sowie die gemeinsamen Freizeitaktivitäten außerhalb der Arbeitsumgebung.

Für die Unterstützung bei der Planung und Durchführung der praktischen Arbeiten danke ich Antje Drechsler, Johann Wilms, Uwe Braun und Uwe Mirasch sehr herzlich. Für die Mithilfe bei der Durchführung von Berechnungen und Versuchen durch das Anfertigen von Studien- und Diplomarbeiten danke ich Stanislav Cherevatskiy und Thomas Voigt. Dank auch allen Mitarbeitern des Instituts für die effiziente, erfolgreiche und angenehme Zeit, dies gilt insbesondere den Mitarbeiterinnen und Mitarbeitern der Administration.

Ich danke besonders meinen Eltern Lothar und Marija Berger für die langjährige Unterstützung. Ohne sie wäre eine so umfangreiche Ausbildung nicht möglich gewesen. Zuletzt danke ich meiner Verlobten Carola Schneider für Ihre Unterstützung und die gemeinsame Zeit die wir miteinander teilen.

Karlsruhe,

im Januar 2011

André Berger

Karlsruher Institut für Technologie (KIT)

Inhaltsverzeichnis

1 Einleitung und Aufgabenstellung   **1**

2 Grundlagen   **7**

2.1 Hochtemperatursupraleiter für technische Anwendungen 7

   2.1.1 Aufbau von YBCO-Bandleitern 8

   2.1.2 Kritische Größen 10

   2.1.3 Wechselstromverluste von YBCO-Bandleitern 12

   2.1.4 Magnetische Feldverteilung und Transformator-Ersatzschaltbild 15

2.2 Resistive Strombegrenzung mit Supraleitern 17

2.3 Kühleigenschaften von flüssigem Stickstoff 21

3 Rückkühlverhalten von YBCO-Bandleitern in Strombegrenzern   **23**

3.1 Messmethode und Messeinrichtung 24

3.2 Messergebnisse 28

   3.2.1 YBCO-Bandleiter mit 4 mm Breite 29

   3.2.2 YBCO-Bandleiter mit 12 mm Breite 32

   3.2.3 Ortsaufgelöstes Rückkühlverhalten 35

3.3 Gegenüberstellung und Diskussion 36

   3.3.1 Einfluss der Maximaltemperatur 36

   3.3.2 Einfluss der Leiterstabilisierung 38

   3.3.3 Einfluss der Bandleiterbreite 40

   3.3.4 Einfluss der Kupferkontakte 41

3.4 Schlussfolgerung und Zusammenfassung 42

4 Entwurfsgang für supraleitende Transformatoren   **45**

4.1 Untersuchte Bauform und Bezeichnungen 46

4.2 Verlustberechnung 48

   4.2.1 Eisenkernverluste 49

   4.2.2 Wärmeeintrag durch die Kryostatwände 50

   4.2.3 Wärmeeintrag durch die Stromzuführungen 50

   4.2.4 Wechselstromverluste der Supraleiter 51

   4.2.5 Wirkungsgrad der Kältemaschine 58

4.3 Strombegrenzung 59

4.3.1 Bedingungen für die Bemessung zur Strombegrenzung 60

4.3.2 Bedingungen für die Bemessung zur Rückkühlung 62

4.3.3 Dimensionierung der Bandleiter 63

4.4 Optimierungsverfahren 64

4.4.1 Parameter zur Optimierung 65

4.4.2 Herleitung von Gleichungen zur Optimierung 68

4.5 Entwurfsgang 75

4.6 Zusammenfassung 87

5 Aufbau und Test eines supraleitenden, aktiv strombegrenzenden 60 kVA Transformators **89**

5.1 Spezifikation 89

5.2 Entwurf 91

5.3 Untersuchung des allgemeinen Betriebsverhaltens 94

5.4 Untersuchung der Strombegrenzung 97

5.5 Untersuchung der Rückkühlung unter Laststrom 100

5.6 Zusammenfassung 102

6 Fallstudie zur Energieeinsparung durch supraleitende Transformatoren **105**

6.1 Verlustberechnung 106

6.2 Kraftwerk-Eigenbedarf-Transformator (63 MVA) 107

6.2.1 Gewählte Vergleichstypen 108

6.2.2 Gegenüberstellung und Diskussion 112

6.3 Netz-Transformator (31,5 MVA) 116

6.3.1 Gewählte Vergleichstypen 117

6.3.2 Gegenüberstellung und Diskussion 120

6.4 Zusammenfassung 125

7 Zusammenfassung **127**

A Ergänzende Informationen **131**

A.1 Messeinrichtung zur Messung des Rückkühlverhaltens von YBCO-Bandleitern in supraleitenden Strombegrenzern 131

A.2 Messeinrichtung zur Messung des elektrischen Widerstands von YBCO-Bandleitern bei tiefen Temperaturen 132

A.3 Messeinrichtung zur Messung des kritischen Stroms 133

A.4 Tabellenwerte des Stapelfaktors 134

A.5 Kennwerte des getesteten 60 kVA Transformators 135

A.6 Kennwerte der entworfenen Transformatoren für die Fallstudie 141

B Symbolverzeichnis   147

C Abkürzungen und Indizes   153

D Literaturverzeichnis   155

1 Einleitung und Aufgabenstellung

Die Anforderungen an elektrische Energieversorgungsnetze sind in den vergangenen Jahrzehnten immer weiter gestiegen und werden auch in Zukunft weiter steigen. Dies ist in erster Linie auf drei Ursachen zurück zu führen:

- Die zunehmende Dezentralisierung der Einspeisung regenerativer Energien und die Kopplung der elektrischen Energieerzeugung an Wärmeenergieerzeugung durch Blockheizkraftwerke verändern die Lastflüsse in den Energieübertragungsnetzen.

- Immer höhere Leistungsdichten in Ballungsräumen erhöhen die Kurzschlussleistung in Netzabschnitten und erhöhen damit die Beanspruchung, der die Betriebsmittel im Kurzschlussfall ausgesetzt sind.

- Darüber hinaus ist es aus ökonomischen wie ökologischen Gründen erforderlich, die Effizienz der Energieübertragungsnetze zu steigern.

Diese Sachverhalte stellen die elektrische Energietechnik vor neue Herausforderungen, die unter anderem durch den Einsatz neuer und weiterentwickelter Betriebsmittel und Komponenten bewältigt werden können. Die Weiterentwicklung von Leistungstransformatoren kann hier einen wesentlichen Beitrag leisten, da allein im deutschen Energieübertragungsnetz mehr als 566 000 Leistungstransformatoren mit einer gesamten Nennleistung von über 836 000 MVA [VDN04] in Betrieb sind.

Leistungstransformatoren werden in der elektrischen Energieversorgung bereits seit dem 19. Jahrhundert in unterschiedlichen Bauformen eingesetzt. Im Wesentlichen besteht ein Leistungstransformator aus einem ferromagnetischen Eisenkern, der den magnetischen Fluss bündelt, und zwei oder mehr Wicklungen, die über den magnetischen Fluss gekoppelt sind. Diese bestehen meist aus Kupfer, um die hohen Ströme verlustarm tragen zu können. Zur elektrischen Isolation und zur Kühlung wird meist die gesamte Anordnung in einem geschlossenen, mit Isolieröl gefüllten Kessel getaucht. Die Leistungsklassen erreichen heute Werte von über 1000 MVA bei Spannungen von über 1000 kV. Die Abmessungen und das Gewicht derartiger Leistungstransformatoren werden oft durch die Randbedingungen des Transports limitiert. Durch die jahrzehntelange Erfahrung der Hersteller sind moderne Leistungstransformatoren inzwischen so weit optimiert, dass sie sich durch

- einen hohen Wirkungsgrad von über 99 %,

- geringe Geräuschentwicklung,

- lange Lebensdauer von über 30 Jahren,

- und geringe Betriebskosten

bei gleichzeitig minimierten

- Konstruktionskosten,

- Materialkosten und

- Fertigungskosten

auszeichnen. Die Optimierung von Transformatoren ist bereits so weit fortgeschritten, dass sich wesentliche Wirkungsgradsteigerungen nur noch durch Weiterentwicklung des verwendeten Kernmaterials oder des Wicklungsmaterials erzielen lassen.

Hier bieten technische Hochtemperatursupraleiter ein Potential zur Weiterentwicklung der Transformator-Wicklungen. Aufgrund des, im supraleitenden Zustand vernachlässigbaren, elektrischen Widerstands von Supraleitern fallen in diesen keine Stromwärmeverluste an. Daher können sie mit wesentlich höheren Stromdichten betrieben werden als normalleitende Werkstoffe.

Durch die Erhöhung der Stromdichte in den Leitern reduziert sich die Leiterquerschnittsfläche und durch die Reduktion der Stromwärmeverluste können die Kühlkanäle zwischen den einzelnen Lagen der Wicklungen reduziert werden. Die gesamte Reduktion des Wicklungsvolumens wirkt sich sowohl auf das Gesamtvolumen des Transformators, als auch auf dessen Gewicht aus. Eine Verringerung des Wicklungsvolumens hat zudem zur Folge, dass sich die Streuinduktivität des Transformators und damit seine relative Kurzschlussspannung reduziert. Aufgrund der Verringerung der Verluste in den Wicklungen können supraleitende Transformatoren mit höherem Wirkungsgrad realisiert werden.

Da zur Kühlung und zur elektrischen Isolation flüssiger Stickstoff verwendet wird, sind supraleitende Transformatoren nicht brennbar und stellen kein Risiko für Gewässer dar.

Ein Supraleiter im supraleitenden Zustand beginnt resistiv zu wirken, sobald der in ihm fließende Strom einen gewissen kritischen Wert überschreitet. Diese intrinsische Eigenschaft von Supraleitern kann auch in Transformatoren zur aktiven Fehlerstrombegrenzung genutzt werden und stellt ein Alleinstellungsmerkmal der supraleitenden Technik dar.

Supraleitende Transformatoren haben gegenüber konventionellen Transformatoren gleicher Leistung folgende, wesentliche Vorteile. Sie sind

- bis zu 50 % kompakter,

- bis zu 50 % leichter,

- nicht brennbar und

- umweltfreundlich.

Zudem besitzen sie

- eine geringere relative Kurzschlussspannung,

- einen höheren Wirkungsgrad und

- wirken zudem Fehlerstrom begrenzend.

Zur Anfertigung supraleitender Transformatoren stehen verschiedene technische Supraleiter auf Grundlage unterschiedlicher supraleitender Materialien zur Verfügung. Jedoch sind nicht alle technischen Supraleiter für diese Anwendung geeignet.

Die ersten Arbeiten auf dem Gebiet der Entwicklung supraleitender Transformatoren begannen nach [Lar97] bereits in den 1960-ern mit Tieftemperatursupraleitern. Zu diesem Zeitpunkt waren nur Supraleitermaterialien bekannt, die bei sehr tiefen Temperaturen mit flüssigem Helium gekühlt werden mussten. Seit den 1980-er Jahren wurden in verschiedenen Projekten Transformatoren mit Tieftemperatursupraleitern im Leistungsbereich von bis zu mehreren 100 kVA gebaut und erfolgreich getestet [Sis05]. Das Ergebnis dieser Arbeiten war, dass Transformatoren mit Tieftemperatursupraleitern nicht wirtschaftlich betrieben werden können, weil der Kühlaufwand zu groß ist.

Im Jahr 1994 wurde der erste Transformator mit Hochtemperatursupraleitern mit einer Nennleistung von 630 kVA von ABB gebaut und für ein Jahr im elektrischen Energienetz in der Schweiz getestet [Zue98]. Das Ergebnis war, dass Transformatoren mit Hochtemperatursupraleitern ein Potential für einen wirtschaftlichen Einsatz zeigen. Derzeit wird weltweit an verschiedenen Transformatorprojekten gearbeitet. In Korea wird im Rahmen eines 10-Jahres Programms der Regierung (Development of the Advanced Power system by Applied Superconductivity Technologies - DAPAS) unter anderem die Technologie für einen 100 MVA Transformator mit Hochtemperatursupraleitern entwickelt [RJP06], [PJR07]. In Japan wird an einem 2 MVA Transformator [KKH10] das strombegrenzende Verhalten und die Rückkühlung der Supraleiter nach einer Strombegrenzung untersucht. In einem anderen Projekt wird außer dem an der Entwicklung eines strombegrenzenden 20 MVA Transformators [IHO09] gearbeitet. In den USA soll im Rahmen des „Smart Grid Demonstration Programs" des United States Department of Energy (DOE) bis Ende 2012 ein strombegrenzender 28 MVA Transformator mit Hochtemperatursupraleitern im Californischen Energieversorgungsnetz in Betrieb gehen [Leh09], [Sch09]. In Neuseeland wird derzeit an der Entwicklung eines 1 MVA Transformators mit verröbelten Supraleitern zur Reduktion der Wechselstromverluste der Supraleiter gearbeitet. Der Demonstrator soll bis zum Jahr 2013 fertig gestellt sein und getestet werden [Buc10].

Mit der vorliegenden Arbeit sollen folgende Ziele erreicht werden:

- Die Erstellung eines Entwurfsgangs für supraleitende strombegrenzende Transformatoren. Dieser Entwurfsgang soll sowohl Vorgaben für die strombegrenzenden Eigenschaften im Kurzschlussfall, inklusive des Rückkühlverhaltens nach einer Strombegrenzung, als auch eine Optimierung nach Volumen, Gewicht, Verlustleistung und Kosten berücksichtigen.

- Die Systematische Untersuchung des Rückkühlverhaltens von YBCO-Bandleitern in supraleitenden Strombegrenzern nach einer Strombegrenzung.

- Die Untersuchung des strombegrenzenden Verhaltens, inklusive des Rückkühlverhaltens supraleitender Transformatoren, durch die Spezifikation, Entwurf und Test eines Labor-Demonstrators.

- Die Untersuchung des Potentials zur Steigerung der Energieeffizienz durch supraleitende Leistungstransformatoren anhand einer Fallstudie. Dies soll anhand einer Gegenüberstellung der Jahresverlustenergie eines konventionellen und eines konzeptionell entworfenen supraleitenden Transformators an ausgewählten Fallbeispielen erfolgen.

Im Folgenden werden die Inhalte dieser Arbeit beschrieben. In Kapitel 2 werden zunächst die notwendigen Grundlagen eingeführt. Dies umfasst eine Beschreibung der für technische Anwendungen zur Verfügung stehenden Hochtemperatursupraleiter, eine Erklärung des Prinzips der Strombegrenzung mit Supraleitern sowie eine Beschreibung der Kühleigenschaften von flüssigem Stickstoff.

Im Anschluss werden in Kapitel 3 die im Rahmen dieser Arbeit durchgeführten Untersuchungen des Rückkühlverhaltens von Hochtemperatursupraleitern nach einer Strombegrenzung unter Laststrom vorgestellt und die Ergebnisse diskutiert.

In Kapitel 4 wird ein erstellter Entwurfsgang für supraleitende Transformatoren vorgestellt. Dieser berücksichtigt Vorgaben für das strombegrenzende Verhalten, die Rückkühlung nach einer Strombegrenzung unter Laststrom sowie ein Optimierungsverfahren zur Minimierung von Volumen, Gewicht, Verlusten oder Materialkosten der supraleitenden Transformatoren. Das Optimierungsverfahren, wie die Integration von Vorgaben für die Strombegrenzung und Rückkühlung in den Entwurfsgang wurden im Rahmen dieser Arbeit entwickelt. Die Herleitung der hierbei verwendeten Gleichungen ist vollständig angegeben.

Zur Untersuchung der Strombegrenzung und Rückkühlung von supraleitenden Transformatoren wurde im Rahmen dieser Arbeit ein Labor-Demonstrator gebaut und getestet. Dieser wurde spezifiziert und mittels des entwickelten Entwurfsgangs entworfen. Die Kennwerte und der Aufbau dieses Transformators sowie die Ergebnisse der Untersuchungen sind in Kapitel 5 detailliert beschrieben.

In Kapitel 6 ist eine Fallstudie zur Energieeinsparung durch supraleitende Transformatoren beschrieben. Für diese Studie wurden zwei reale Anwendungsfälle von Leistungstransformatoren ausgewählt. Für jede Anwendung wurde mittels des entwickelten Entwurfsgangs jeweils ein supraleitender Transformator konzeptionell entworfen. Für die entworfenen supraleitenden und die vergleichbaren konventionellen Transformatoren wurden die Jahresenergieverluste berechnet und gegenübergestellt. Die Ergebnisse dieser Studie werden in dem Kapitel dargestellt und diskutiert.

2 Grundlagen

Als Grundlage für die folgenden Betrachtungen in dieser Arbeit werden in diesem Kapitel zunächst der Aufbau, die charakteristischen Größen und die Eigenschaften der betrachteten Hochtemperatursupraleiter beschrieben. Davon ausgehend wird das Prinzip der Strombegrenzung mit Supraleitern beschrieben. Hierfür wird der zeitliche Verlauf eines Strombegrenzungsvorgangs mit anschließender Rückkühlung dargestellt und die Berechnung der charakteristischen Größen angegeben. Die dargestellten Zusammenhänge werden auf das strombegrenzende Verhalten supraleitender Transformatoren übertragen. Abschließend werden die Kühleigenschaften von flüssigem Stickstoff aufgezeigt.

2.1 Hochtemperatursupraleiter für technische Anwendungen

Im Jahr 1986 wurde $Ba_xLa_{5-x}Cu_5O_{5(3-y)}$ als erstes Hochtemperatursupraleiter-Material mit einer Sprungtemperatur über 30 K von Bednorz und Müller [BM86] entdeckt. Seit dieser Entdeckung wurde an der Entwicklung technischer Hochtemperatursupraleiter gearbeitet. Derzeit sind zwei Hochtemperatursupraleiter-Materialien bekannt, die mit flüssigem Stickstoff bei 77 K supraleitend betrieben werden können und für die Herstellung technischer Supraleiter geeignet sind. Diese sind einerseits $Bi_2Sr_2Ca1Cu_2O_y$ bzw. $Bi_2Sr_2Ca_2Cu_3O_y$ und $YBa_2Cu_3O_{7-x}$. Die supraleitenden Eigenschaften beider Materialien wurden in den Jahren 1987 [WAT87] und 1988 [Mae93] entdeckt. Seit ihrer Entdeckung werden Herstellungsverfahren für Technische Supraleiter mit diesen Materialien entwickelt, die mechanisch und elektrisch stabil und bezüglich der supraleitenden Stromtragfähigkeit auch über große Längen homogen sind. Das Ergebnis dieser Entwicklungen sind supraleitende Bänder, die allgemein als BSCCO- oder YBCO-Bandleiter bezeichnet werden. Die Entwicklung der BSCCO-Bandleiter ist bereits sehr weit fortgeschritten, während die Entwicklung der YBCO-Bandleiter in den letzten Jahren noch sehr große Fortschritte zeigt. Beide Arten von Bandleitern können heute kommerziell bei verschiedenen Herstellern bezogen werden.

Aktuell sind BSCCO-Bandleiter mit etwa 150 €/(kA·m) noch preiswerter als YBCO-Bandleiter mit etwa 250 €/(kA·m). Um gegenüber der konventionellen Technik konkurrenzfähig zu werden, muss der Preis für die Bandleiter mindestens in der Größenordnung des Kupferpreises liegen. Dieser liegt derzeit bei etwa 50 €/(kA·m). Für die Herstellung von YBCO-Bandleitern scheint dies erreichbar zu sein, weil die Ausgangsmaterialien zur Herstellung kostengünstig sind. Da zur Herstellung von BSCCO-Bandleitern jedoch ein hoher Silberanteil benötigt wird sind allein die

Kosten der Ausgangsmaterialien so hoch, dass der Preis für diese Supraleiter kaum die Größenordnung von Kupferleitern erreichen kann. Aus diesem Grund wird in dieser Arbeit nur die Verwendung von YBCO-Bandleitern betrachtet.

2.1.1 Aufbau von YBCO-Bandleitern

YBCO-Bandleiter werden im Englischen als coated conductor oder auch als (2nd Generation HTS oder 2G-wire) bezeichnet. Sie bestehen aus einem Substratband (Trägermaterial), das je nach Hersteller aus einer Nickel-Chrom-Molybdän-Verbindung (Handelsname Hastelloy©), einer Nickel-Wolfram-Legierung oder aus einem Edelstahlband besteht. Auf dem Substratband sind verschiedene Pufferschichten aufgebracht, die hier vereinfacht als eine Pufferschicht dargestellt ist. Auf der Pufferschicht befindet sich die YBCO-Schicht, der eigentliche Supraleiter. Diese wird von einer Schutzschicht aus Silber abgedeckt. Optional kann auf den Bandleiter eine Stabilisierung aufgebracht werden, die den Supraleiter je nach Material mechanisch und elektrisch stabilisiert. Abbildung 2.1 zeigt den schematischen Aufbau eines YBCO-Bandleiters in der Querschnittsfläche senkrecht zur Leiterachse. Darin sind typische Größenordnungen der einzelnen Schichtdicken angegeben [XMZ09], [HXQ06].

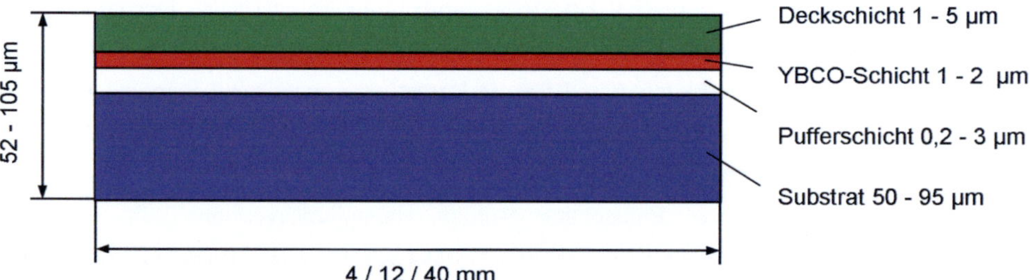

Abb. 2.1:   Schematischer Querschnitt eines YBCO-Bandleiters mit typischen Größenordnungen der einzelnen Schichtdicken.

Das Substratband dient als Trägermaterial und ist aufgrund der Schichtdicke und der spezifischen Materialeigenschaften maßgeblich für die mechanische Festigkeit des gesamten Bandleiters [CEC06]. Die Pufferschicht zwischen dem Substratband und der Supraleiterschicht verhindert chemische Reaktionen zwischen den Schichten [NSY91]. Zudem ist die Pufferschicht biaxial texturiert, um der YBCO-Schicht eine Ausrichtung für das polykristalline Kristallgitter des Supraleiters zu geben. Dies ist notwendig, weil die Stromtragfähigkeit der YBCO-Schicht im supraleitenden Zustand durch Versetzungen und Störungen im Kristallgitter beeinflusst wird. Schon geringe Winkel zwischen den Korngrenzen der Kristalle reduzieren die supraleitende Stromtragfähigkeit des gesamten Bandleiters.

Die auf die YBCO-Schicht aufgebrachte Deckschicht dient der elektrischen und thermischen Stabilisierung des Bandleiters zur Vermeidung von Hot-Spots.

Optional bieten einige Hersteller an, eine zusätzliche Stabilisierung auf den Bandleiter aufzubringen. Zur mechanischen Stabilisierung kann, wie in Abb. 2.2 links dargestellt, beidseitig ein Edelstahlband aufgelötet werden. Zur elektrischen Stabilisierung können ebenso beidseitig Kupferbänder aufgelötet werden. Alternativ kann, wie in Abb. 2.2 rechts dargestellt, eine Kupferschicht elektrogalvanisch aufgebracht (elektroplattiert) werden.

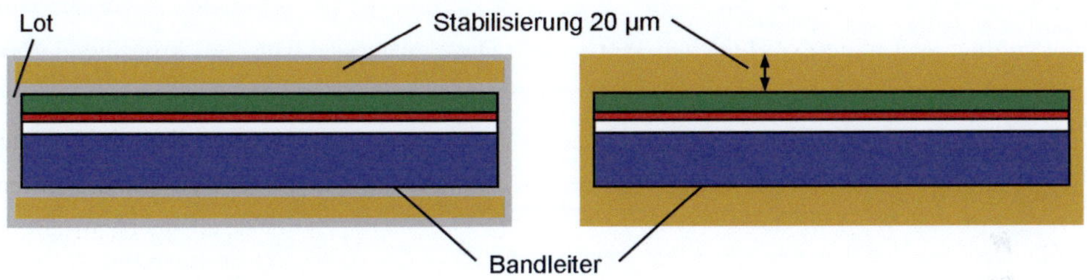

Abb. 2.2:   Links: Bandleiter mit aufgelöteter Stabilisierung.
Rechts: Bandleiter mit elektrogalvanisch aufgebrachter Stabilisierung (elektroplattiert).

Die Herstellungsverfahren für YBCO-Bandleiter sind bereits heute so weit entwickelt, dass für 12 mm breite Bandleiter Stücklängen von nahezu 1000 m mit einem kritischen Strom von über 200 A hergestellt werden können. Hier liegt darüber hinaus noch ein großes Potential zur Steigerung der Stromtragfähigkeit, da auf kurzen 12 mm breiten Bandleiterstücken bereits Werte des kritischen Stroms von über 975 A erreicht wurden [CXX08]. Die Leiterproduktion erfährt seit Jahren ein konstantes Wachstum und beträgt derzeit weltweit einige 100 km pro Jahr [XCX08].

Im normalleitenden Zustand ergibt sich der elektrische Widerstandsbelag (Längenbezogener Widerstand) eines technischen Supraleiters aus den temperaturabhängigen, spezifischen Widerständen und den Querschnittsflächen der am Stromtransport beteiligten Werkstoffe. Für YBCO-Bandleiter kann er nach

$$R'_{\mathrm{SL}}(T) = \frac{1}{b_{\mathrm{SL}}} \cdot \frac{1}{\dfrac{h_{\mathrm{Hs}}}{\rho_{\mathrm{Hs}}(T)} + \dfrac{h_{\mathrm{YBCO}}}{\rho_{\mathrm{YBCO}}(T)} + \dfrac{h_{\mathrm{Ag}}}{\rho_{\mathrm{Ag}}(T)} + \dfrac{h_{\mathrm{Cu}}}{\rho_{\mathrm{Cu}}(T)}} \tag{2.1}$$

berechnet werden [Sch09a]. Hierbei sind T die Temperatur, b_{SL} die Breite des Bandleiters, ρ_{Hs}, ρ_{YBCO}, ρ_{Ag} und ρ_{Cu} die spezifischen Widerstände der verwendeten Werkstoffe Hastelloy (Substrat), YBCO (Supraleiter), Silber (Deckschicht) und ggf. Kupfer (Stabilisierung). Die Größen h_{Hs}, h_{YBCO} h_{Ag} und h_{Cu} sind die zugehörigen Schichtdicken. Der Widerstand der

Pufferschicht kann aufgrund seines hohen Wertes vernachlässigt werden. Ist die Kupferstabilisierung mit einem Lot aufgebracht, so muss auch der Einfluss des Lots berücksichtigt werden. Die Temperaturabhängigkeit des Widerstandsbelags ist in Abb. 2.3 dargestellt.

2.1.2 Kritische Größen

Supraleitende Materialien befinden sich nur im supraleitenden Zustand, wenn die Temperatur, ein äußeres Magnetfeld, dem der Supraleiter ausgesetzt ist, und der im Supraleiter fließende Strom unterhalb der so genannten kritischen Werte sind. Diese materialabhängigen kritischen Größen werden im Folgenden beschrieben.

Kritische Temperatur T_c

In Abb. 2.3 ist die Abhängigkeit des elektrischen Widerstandsbelags R'_{SL} eines YBCO-Bandleiters von der Temperatur T dargestellt. Unterhalb der kritischen Temperatur T_c ist der Widerstand unmessbar klein, der Supraleiter befindet sich im supraleitenden Zustand. Der Übergang zwischen Normalleitung und Supraleitung wird reversibel durchlaufen.

Die kritische Temperatur T_c von YBCO beträgt ohne eingebrachte Störstellen (Pinning-Zentren) und ohne äußeres Magnetfeld $T_c = 92$ K. Da in technische YBCO-Bandleiter zur Reduktion der Wechselstromverluste jedoch Pinning-Zentren eingebracht werden, erreichen diese in der Regel nur eine kritische Temperatur von etwa $87 - 89$ K.

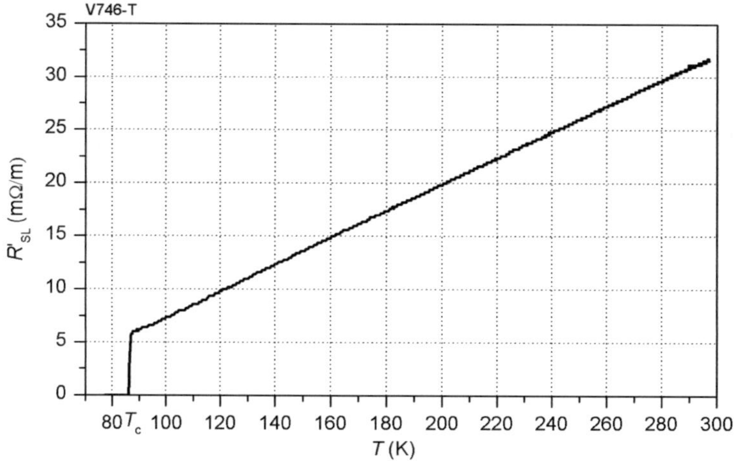

Abb. 2.3: Temperaturabhängiger Widerstandsbelag R'_{SL} eines 12 mm breiten YBCO-Bandleiters mit 40 µm Kupferstabilisierung (Summe der oberen und unteren Schicht).

Kritischer Strom I_c

Für die konstante Betriebstemperatur von 77 K ergibt sich die Abhängigkeit des kritischen Stroms I_c von der kritischen magnetischen Flussdichte B_c, wie in der schematischen Darstellung in Abb. 2.4 rot markiert. Die dunkelgrün dargestellte Fläche kennzeichnet den Verlauf der kritischen Werte. Unterhalb der Fläche ist der Supraleiter im supraleitenden Zustand, oberhalb ist er normalleitend. Der Übergang vom supraleitenden in den normalleitenden Zustand kann mit einem Potenzgesetz beschrieben werden

$$E = E_c \cdot \left(\frac{I}{I_c} \right)^n \tag{2.2}$$

[Kom95]. Der Exponent wird als n-Wert bezeichnet. Dieser Ansatz zur mathematischen Beschreibung des Übergangs zwischen Supraleitung und Normalleitung kann in erster Näherung bis zum Erreichen des Widerstandswerts im normalleitenden Zustand verwendet werden. Der kritische Strom I_c ist definiert als der Stromwert, bei dem über dem Supraleiter eine kritische Feldstärke von $E_c = 1\ \mu V/cm$ anliegt (μV-Kriterium).

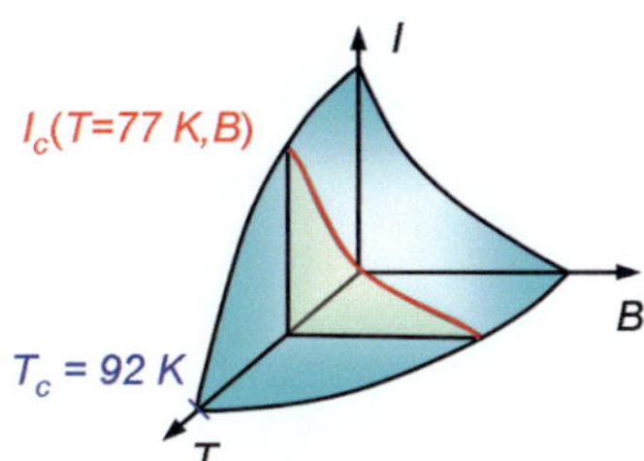

Abb. 2.4: Schematischer Verlauf der kritischen Werte: Unterhalb der grün dargestellten Fläche ist der Supraleiter im supraleitenden Zustand, oberhalb ist er normalleitend. Blau: kritische Temperatur T_c von YBCO. Rot: Abhängigkeit des kritischen Stroms I_c von der magnetischen Flussdichte B bei $T = 77$ K.

Kritische magnetische Flussdichte B_c

Supraleiter zeigen im supraleitenden Zustand den Meissner-Ochsenfeldeffekt. Das bedeutet, dass kein magnetisches Feld in den Supraleiter eindringen kann. Verhindert wird dies durch Abschirmströme, die auf der Oberfläche des Supraleiters fließen, und das äußere Feld kompensieren. Der Übergang zwischen Supraleitung und Normalleitung erfolgt bei Supraleitern 1. Art (Typ I Supraleiter) abrupt bei der thermodynamischen kritischen magnetischen Flussdichte $B_{c,th}$. YBCO zählt zu den Supraleitern 2. Art (Typ II Supraleiter). In diese tritt in einem Übergangsbereich zwischen Normalleitung und Supraleitung ein magnetischer Fluss in Form von Flussschläuchen in den Supraleiter ein. Dieser Übergangsbereich wird als Shubnikov-Phase bezeichnet. Diese hat den unteren Grenzwert B_{c1} und den oberen Grenzwert B_{c2}. Unterhalb von

B_{c1} befindet sich kein magnetischer Fluss im Supraleiter und oberhalb von B_{c2} liegt keine Supraleitung mehr vor. In dieser Arbeit wird die obere kritische magnetische Flussdichte B_{c2} vereinfacht als B_c bezeichnet.

Aufgrund der Kristallstruktur von YBCO ist eine Anisotropie des kritischen Stroms I_c und der kritischen magnetischen Flussdichte B_c vorhanden. Der Betrag der kritischen magnetischen Flussdichte ist bei senkrechter Feldrichtung B_s geringer als bei paralleler Feldrichtung B_p (bezogen auf die Cu-O-Ebene, vgl. Abb. 2.5). Daher ist für YBCO-Bandleiter die kritische magnetische Flussdichte senkrecht zur Bandleiterebene kleiner als parallel zur Bandleiterebene ($B_{c,s} < B_{c,p}$), wie in Abb. 2.5 am Beispiel der Messung an einem 4 mm breiten YBCO-Bandleiter ersichtlich ist.

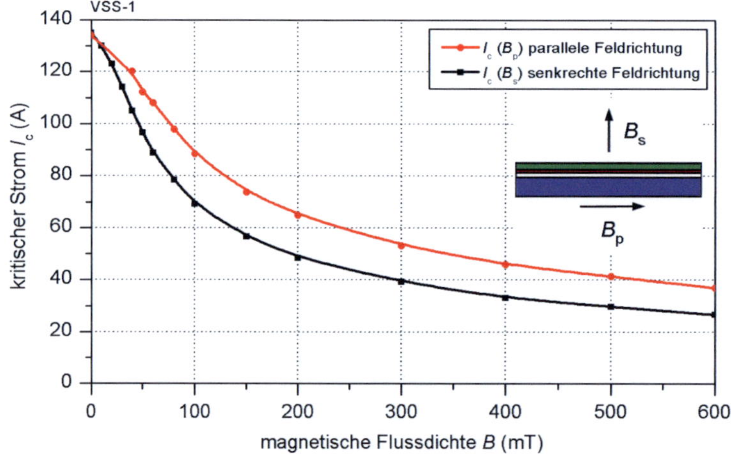

Abb. 2.5: Kritischer Strom eines 4 mm breiten YBCO-Bandleiters in Abhängigkeit von der magnetischen Flussdichte für Feldrichtung senkrecht und parallel zur Bandleiterebene.

2.1.3 Wechselstromverluste von YBCO-Bandleitern

Die Eigenschaft, Strom verlustlos leiten zu können, gilt für Supraleiter 2. Art nur bei Gleichstrom. Bei einer Belastung mit magnetischen Wechselfeldern, die durch Transportstrom oder äußere Ursachen entstehen können, entstehen in Supraleitern 2. Art Verluste.

Liegt die magnetische Feldbelastung zwischen $B_{c1} < B < B_{c2}$, so befindet sich der Supraleiter in der Shubnikov Phase und das magnetische Feld dringt in Form von Flussschläuchen in den Supraleiter ein [BKH04], [Wil02], [Lar98] und [Kom95]. Die Flussschläuche sind von Abschirmströmen umgeben. Innerhalb eines Flussschlauchs befindet sich der Supraleiter im normalleitenden Zustand, außerhalb bleibt er supraleitend.

Bei einer Erhöhung der magnetischen Feldbelastung bewegen sich mehr Flussschläuche in Supraleiter hinein, bei einer Reduktion bewegen sie sich aus dem Supraleiter heraus. Während der Bewegung der Flussschläuche findet an deren Vorderseite ein Übergang vom supraleitenden in den normalleitenden Zustand und an deren Rückseite entsprechend ein Übergang vom normalleitenden in den supraleitenden Zustand statt. Da der supraleitende Zustand der energetisch günstigere Zustand ist, muss für den Phasenübergang an der Vorderseite der Flussschläuche Energie aufgewendet werden, die an deren Rückseite wieder frei wird. Zwischen diesen beiden Übergängen existiert eine Hysterese durch die beim Wandern der Flussschläuche Energie dissipiert wird, die zu einer Erwärmung des Materials führt. Die durch diesen Mechanismus entstehenden Verluste werden als **Hystereseverluste** bezeichnet.

Neben den Hystereseverlusten entstehen durch sich ändernde Magnetfelder auch **Wirbelstromverluste** in den normalleitenden Schichten der YBCO-Bandleiter.

Weil beide Verlustmechanismen nur bei einer Belastung mit Wechselfeldern wirksam sind, wird auch der Begriff **Wechselstromverluste** (auch AC-Verluste) als Überbegriff für die Verluste in technischen Supraleitern verwendet. Die Wechselstromverluste können entsprechend des Ursprungs des Magnetfeldes, das die Verluste verursacht, in **Eigenfeldverluste** P_{Eigen} (durch Transportstrom im Supraleiter selbst verursacht) und **Fremdfeldverluste** P_{Fremd} (durch äußere Magnetfelder verursacht) unterteilt werden.

Eigenfeldverluste

Die durch Transportstrom in einem rechteckigen Supraleiter verursachten Hystereseverluste können vereinfacht nach

$$P'_{\text{Eigen}}\left(\hat{i}\right) = \frac{P_{\text{Eigen}}\left(\hat{i}\right)}{\ell} = f \cdot I_{\text{c}}^2 \cdot \frac{\mu_0}{\pi}\left(\left(1 - \frac{\hat{i}}{I_{\text{c}}}\right) \cdot \ln\left(1 - \frac{\hat{i}}{I_{\text{c}}}\right) + \left(1 + \frac{\hat{i}}{I_{\text{c}}}\right) \cdot \ln\left(1 + \frac{\hat{i}}{I_{\text{c}}}\right) - \left(\frac{\hat{i}}{I_{\text{c}}}\right)^2\right) \tag{2.3}$$

auf die Leiterlänge ℓ bezogen berechnet werden [Nor70]. Hierbei sind f die Frequenz, $\hat{i}$ der Scheitelwert des Transportstroms und I_{c} der kritische Strom des Supraleiters.

Fremdfeldverluste

Vergleichbar mit der Anisotropie des kritischen Stroms sind auch die durch ein externes magnetisches Feld verursachten Hystereseverluste in YBCO-Bandleitern abhängig von der Richtung des magnetischen Feldes zur Bandleiterebene. Zur Berechnung der Fremdfeldverluste wird komponentenweise zwischen Verlusten durch Feldrichtung parallel und senkrecht zur Bandleiterebene unterschieden. Für **senkrechte Feldrichtung** können die auf die Leiterlänge ℓ bezogenen Hystereseverluste in Abhängigkeit von der magnetischen Flussdichte $\boldsymbol{B_s}$ näherungsweise nach

$$P'_{\mathrm{H,s}}\left(B_{\mathrm{s}}\right)=\frac{P_{\mathrm{H,s}}\left(B_{\mathrm{s}}\right)}{\ell}=\frac{f\cdot\pi\cdot b_{\mathrm{SL}}^{2}\cdot B_{\mathrm{s}}^{2}}{\mu_{0}}\cdot g\left(\frac{B_{\mathrm{s}}}{B_{\mathrm{c}}}\right) \tag{2.4}$$

mit

$$g(x)=\frac{1}{x}\cdot\left[\frac{2}{x}\cdot\ln\{\cosh(x)\}-\tanh(x)\right] \tag{2.5}$$

berechnet werden [MW01], [BI93], [JAN06]. Hierbei sind b_{SL} die Breite des Bandleiters, f die Frequenz des senkrechten Wechselfeldes B_{s}, μ_0 die magnetische Feldkonstante und B_{c} die kritische magnetische Flussdichte, die in erster Näherung nach

$$B_{\mathrm{c}}=\frac{\mu_{0}\cdot I_{\mathrm{c}}}{\pi\cdot b_{\mathrm{SL}}} \tag{2.6}$$

aus dem kritischen Strom des Bandleiter I_{c} berechnet werden kann. Der Anteil der Wirbelstromverluste, die durch ein Fremdfeld mit senkrechter Richtung zur Bandleiterebene verursacht werden, kann wie folgt auf die Leiterlänge ℓ bezogen berechnet werden

$$P'_{\mathrm{W,s}}\left(B_{\mathrm{s}}\right)=\frac{P_{\mathrm{W}}\left(B_{\mathrm{s}}\right)}{\ell}=\frac{\left(\pi^{2}\cdot f\cdot B_{\mathrm{s}}\right)^{2}\cdot b_{\mathrm{SL}}^{3}}{6}\cdot\left(\frac{h_{\mathrm{Hs}}}{\rho_{\mathrm{Hs}}(T)}+\frac{h_{\mathrm{Ag}}}{\rho_{\mathrm{Ag}}(T)}+\frac{h_{\mathrm{Cu}}}{\rho_{\mathrm{Cu}}(T)}\right)\cdot \tag{2.7}$$

Hierbei sind f die Frequenz des Wechselfeldes B_{s} (senkrecht zur Bandleiterebene), b_{SL} die Breite des Bandleiters, h_{Hs}, h_{Ag} und h_{Cu} die Schichtdicken der Hastelloyschicht (Substrat), der Silberschicht (Deckschicht) und der Kupferschicht (Stabilisierung) sowie die zugehörigen spezifischen Widerstände, abhängig von der Temperatur T.

Für **parallele Feldrichtung** können die spezifischen Hystereseverluste, bezogen auf die Leiterlänge ℓ, in Abhängigkeit von der magnetischen Flussdichte $\boldsymbol{B_{\mathrm{s}}}$ (senkrecht zur Bandleiterebene) näherungsweise nach

$$P'_{\mathrm{H,p}}\left(B_{\mathrm{p}}\right)=\frac{P_{\mathrm{H,p}}\left(B_{\mathrm{p}}\right)}{\ell}=\begin{cases}\dfrac{2\cdot f\cdot h_{\mathrm{YBCO}}\cdot b_{\mathrm{SL}}\cdot\left(B_{\mathrm{p}}\right)^{3}}{3\cdot\mu_{0}\cdot B_{\mathrm{S}}}\,,\ B_{\mathrm{p}}\leq B_{\mathrm{S}}\\[4mm]\dfrac{2\cdot f\cdot h_{\mathrm{YBCO}}\cdot b_{\mathrm{SL}}\cdot B_{\mathrm{S}}}{3\cdot\mu_{0}}\left(3\cdot B_{\mathrm{p}}-2\cdot B_{\mathrm{S}}\right),\ B_{\mathrm{p}}\geq B_{\mathrm{S}}\end{cases} \tag{2.8}$$

berechnet werden [MW01]. Hierbei ist B_{S} die Sättigungsflussdichte mit

$$B_{\mathrm{S}}=\mu_{0}\cdot j_{\mathrm{c}}\cdot h_{\mathrm{YBCO}}\,, \tag{2.9}$$

wobei h_{YBCO} die Dicke der YBCO-Schicht und j_{c} die kritische Stromdichte bezeichnen.

Die durch parallele Feldrichtung verursachten Wirbelstromverluste können aufgrund der geringen Gesamthöhe der Bandleiter vernachlässigt werden.

2.1.4 Magnetische Feldverteilung und Transformator-Ersatzschaltbild

Im Folgenden wird die prinzipielle Feldverteilung im Transformator am Beispiel eines Einphasen-Manteltransformators beschrieben. Davon ausgehend wird das elektrische Ersatzschaltbild eines Transformators erklärt und die in dieser Arbeit verwendeten Bezeichnungen eingeführt. Die Zusammenhänge sind Lehrbüchern entnommen [KMR08], [Lei06]. In Abb. 2.6 ist ein Zweiwicklungs-Manteltransformator im Schnittbild der Vorderansicht dargestellt. Der Eisenkern ist grau eingefärbt. Die beiden Wicklungen, die den mittleren Kernschenkel umschließen, sind schraffiert dargestellt. Die äußere Wicklung wird als Oberspannungs-Wicklung (OS-Wicklung) und die innere Wicklung wird als Unterspannungs-Wicklung (US-Wicklung) bezeichnet. Die OS-Wicklung wird im Folgenden als Erregerwicklung betrachtet, beide Wicklungen sind stromdurchflossen.

Die Erregerwicklung erzeugt durch den in ihr fließenden Strom in ihrem Inneren ein magnetisches Feld. Dieses kann in zwei Bereiche unterteilt werden. Ein Teil durchsetzt beide Wicklungen und wird als Hauptfluss Φ_H bezeichnet. Dieser wird wie in der Abbildung dargestellt hauptsächlich im ferromagnetischen Eisenkern geführt. Die im Hauptfluss gespeicherte Energie bildet die Hauptinduktivität L_H des Transformators. Über den Hauptfluss sind die beiden Wicklungen magnetisch miteinander gekoppelt. Ein weiterer Teil des magnetischen Flusses durchsetzt nicht beide Wicklungen und trägt somit nicht zur Kopplung der Wicklungen bei. Dieser Teil wird als Streufeld $H_{\sigma,\mathrm{os}}$ bezeichnet. Die in ihm gespeicherte Energie bildet die Streuinduktivität der OS-Wicklung $L_{\sigma,\mathrm{os}}$. Ebenso durchsetzt auch ein Teil des Feldes der US-Wicklung nicht beide Wicklungen. Die in diesem Teil des Feldes gespeicherte Energie wird als Streuinduktivität der US-Wicklung $L_{\sigma,\mathrm{us}}$ bezeichnet.

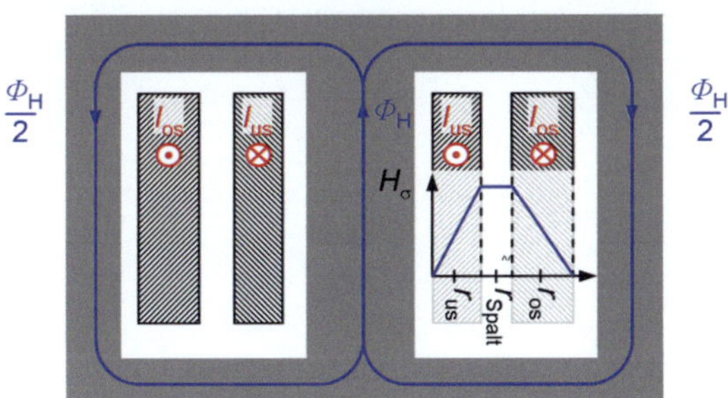

Abb. 2.6:   Prinzipieller Verlauf des magnetischen Hauptflusses Φ_H, und Betrag des Streufelds H_σ im Wicklungsraum in axialer Richtung.

Aus diesen Induktivitäten und den Wicklungswiderständen R_os und R'_us ergibt sich das in Abb. 2.7 dargestellte Ersatzschaltbild des Transformators. Die Wicklungswiderstände sind bei supraleitenden Transformatoren variabel, weil diese im Normalbetrieb gleich Null sind und im

Kurzschlussfall einen endlichen Wert annehmen, der den Kurzschlussstrom begrenzt. Durch den Widerstand R_{Fe} werden die Verluste des Eisenkerns berücksichtigt.

Für die Berechnung der Hauptinduktivität wird vereinfachend angenommen, dass der gesamte Hauptfluss im ferromagnetischen Eisenkern fließt und dass kein Fluss aus dem Eisenkern austritt. So ergibt sich die Hauptinduktivität des Transformators zu [Geo09]

$$L_{\mathrm{H}} = \mu_0 \cdot \mu_{\mathrm{r}} \cdot w_{\mathrm{os}}^{\,2} \cdot \frac{A_{\mathrm{Fe,eff}}}{\ell_{\mathrm{Fe}}} \tag{2.10}$$

Hierbei sind μ_{r} die Permeabilität des Kernwerkstoffes, w_{os} die Windungszahl der OS-Wicklung, A_{Fe} die magnetisch wirksame Querschnittsfläche des Eisenkern und ℓ_{Fe} die effektive Eisenkreislänge (vgl. Abb. 4.2).

Die Streuinduktivität wird in dieser Arbeit nicht, wie in Abb. 2.7 dargestellt, für OS- und US-Wicklung getrennt berechnet, sondern es werden beide Induktivitäten zu einer Induktivität zusammengefasst. Hierfür wird der Feldverlauf im Wicklungsraum wie in Abb. 2.6 dargestellt linear approximiert. Es wird vereinfachend angenommen, dass die Richtung des Streufeldes H_σ axial und über die gesamte Höhe der Wicklung konstant ist. Das Feld außerhalb des Wicklungsbereichs wird vernachlässigt. In radialer Richtung nimmt die Feldstärke über der OS-Wicklung linear zu, bleibt im Streuspalt konstant und nimmt über der US-Wicklung wieder linear ab. Hiervon ausgehend wird die Streuinduktivität anhand

$$L_\sigma = \frac{2\pi \cdot \mu_0 \cdot w_{\mathrm{os}}^{\,2}}{h_{\mathrm{w}}} \cdot \left(\frac{r_{\mathrm{us}} \cdot b_{\mathrm{us}}}{3} + r_{\mathrm{Spalt}} \cdot a_{\mathrm{w}} + \frac{r_{\mathrm{os}} \cdot b_{\mathrm{os}}}{3} \right) \tag{2.11}$$

berechnet [Fla93], [Lei06]. Es sind w_{os} die Windungszahl der OS-Wicklung, h_{w} die Höhe-, b_{os} und b_{us} die Breite der Wicklungen, a_{w} deren Abstand (Breite des Streuspalts) und

$$r_{\mathrm{os}} = \frac{d_{\mathrm{Fe}}}{2} + a_{\mathrm{i}} + \frac{b_{\mathrm{us}}}{2} + a_{\mathrm{w}} + \frac{b_{\mathrm{os}}}{2}, \quad r_{\mathrm{us}} = \frac{d_{\mathrm{Fe}}}{2} + a_{\mathrm{i}} + \frac{b_{\mathrm{us}}}{2} \quad \text{und } r_{\mathrm{Spalt}} = \frac{d_{\mathrm{Fe}}}{2} + a_{\mathrm{i}} + \frac{b_{\mathrm{us}}}{2} + a_{\mathrm{w}} \tag{2.12}$$

die mittleren Radien der OS- und US-Wicklung und des Streuspaltes. In Abb. 2.7 ist das resultierende elektrische Ersatzschaltbild des Transformators dargestellt.

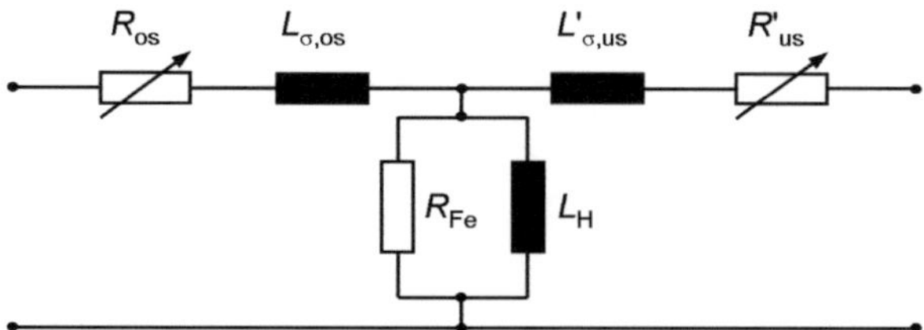

Abb. 2.7: Ersatzschaltbild eines Transformators mit veränderlichen Wicklungswiderständen R_{os} und R_{us}, Streuinduktivitäten $L_{\sigma,\mathrm{os}}$ und $L_{\sigma,\mathrm{us}}$ sowie Hauptinduktivität L_{H} und Widerstand zur Berücksichtigung der Eisenverluste R_{Fe}.

Bei supraleitenden Transformatoren sind je nach Realisierung der Kühlung grundsätzlich drei Bauformen zu unterscheiden. Einerseits wird zwischen Transformatoren mit **warmem Eisenkern** und **kaltem Eisenkern** unterschieden, je nachdem, ob der Kryostat nur die Wicklungen beinhaltet oder den gesamten Transformator umfasst. Für energietechnische Anwendungen sind nur Transformatoren mit warmem Eisenkern attraktiv, da bei kaltem Eisenkern die zu kühlenden Eisenkernverluste den Wirkungsgrad zu stark reduzieren. Eine dritte Bauform ist eine **Hybridbauweise**, bei der nur eine Wicklung supraleitend ausgeführt ist und kryotechnisch gekühlt werden muss.

2.2 Resistive Strombegrenzung mit Supraleitern

Die in Kapitel 2.1.2 beschriebene Eigenschaft von Supraleitern, oberhalb eines kritischen Transportstromes I_c resistiv zu wirken, kann technisch zur Begrenzung von Kurzschlussströmen in elektrischen Energieübertragungsnetzen genutzt werden. Im Folgenden wird der Ablauf einer Strombegrenzung an einem Fallbeispiel betrachtet.

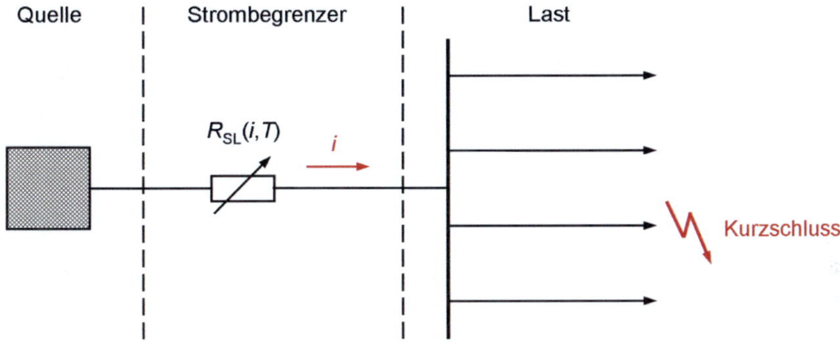

Abb. 2.8:   Strombegrenzer in der Einspeisung in eine Sammelschiene mit Kurzschluss in einem Abgang.

Ein Netz speist, wie in Abb. 2.8 dargestellt, über einen Strombegrenzer eine Sammelschiene mit mehreren Abgängen. Der Strombegrenzer besteht aus einem YBCO-Bandleiter der Länge ℓ.

In Abb. 2.9 ist das Ersatzschaltbild des Fallbeispiels dargestellt. Es beinhaltet die Spannungsquelle U_0 mit Innenwiderstand Z_i, dem strom- und temperaturabhängigen Widerstand des Bandleiters $R_{SL}(i,T)$ sowie den Lastwiderstand Z_L und den Kurzschlusspfad.

Es wird angenommen, dass das Netz einen hohen Innenwiderstand Z_i aufweist, so dass ein generatorferner Kurzschluss angenommen werden kann. Das bedeutet, der Effektivwert des unbegrenzten Kurzschlusswechselstroms ist unmittelbar nach dem Eintreten des Kurzschlusses praktisch zeitunabhängig.

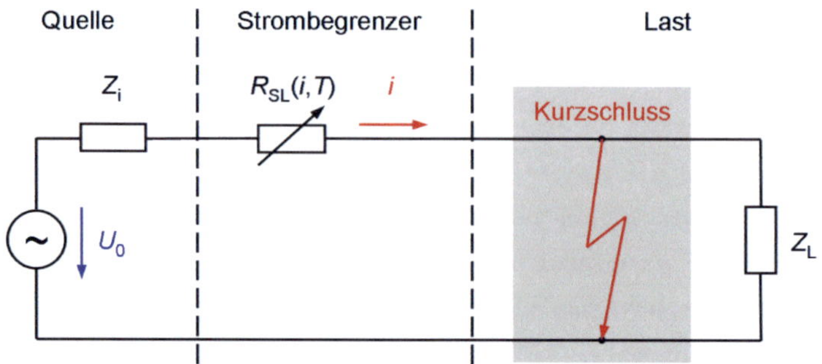

Abb. 2.9:   Einpoliges   Ersatzschaltbild   zur   Kurzschlussstromberechnung.   Spannungsquelle U_0, Netzinnenwiderstand Z_i, strom- und temperaturabhängiger Supraleiterleiterwiderstand $R_{SL}(i,T)$, Kurzschlusspfad sowie im Normalbetrieb wirksamer Lastwiderstand Z_L.

In einem Abgang der Sammelschiene tritt ein Kurzschluss auf. In Abb. 2.10 ist der zeitliche Verlauf des resultierenden Kurzschlussstroms mit und ohne Strombegrenzer dargestellt.

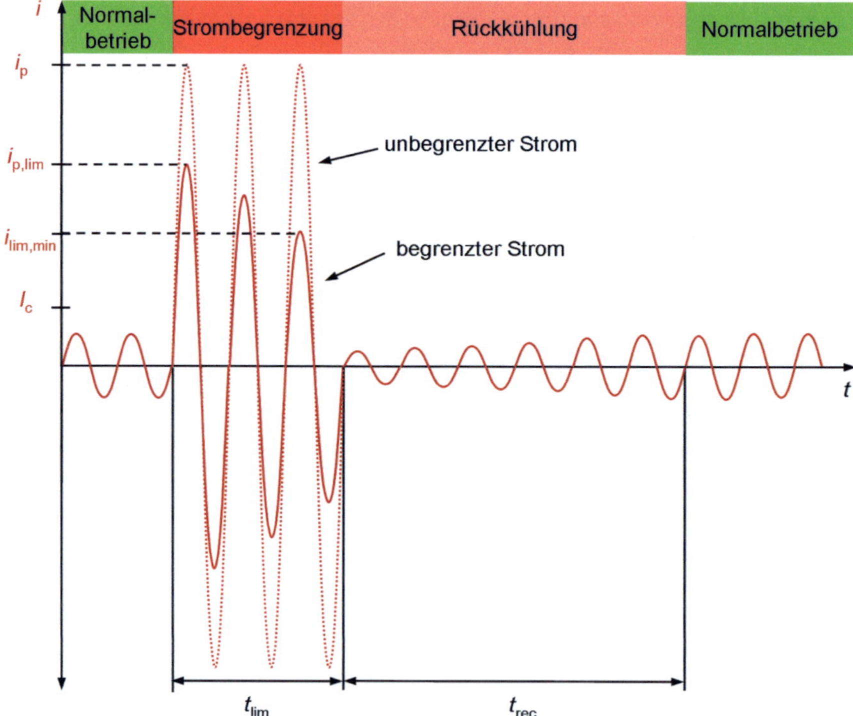

Abb. 2.10:   Vereinfachter zeitlicher Verlauf des Stroms i durch den Strombegrenzer während eines Kurzschlusses und der anschließenden Rückkühlung unter Laststrom. Gepunktete Linie: unbegrenzter Kurzschlussstrom. t_{lim} Kurzschlussdauer, t_{rec} Rückkühldauer.

Vor der Strombegrenzung befindet sich der Strombegrenzer im **Normalbetrieb** Der Bandleiter befindet sich auf einer Kühlmitteltemperatur von $T = 77$ K, und der Strom i ist geringer als der kritische Strom I_c. Daher befindet sich der Supraleiter im supraleitenden Zustand. Unter Vernachlässigung der Wechselstromverluste beträgt der Bandleiterwiderstand $R_{SL} = 0\ \Omega$, und der Strombegrenzer hat keinen Einfluss auf den Netzbetrieb.

Während eines Kurzschlusses wird der kritische Strom des Bandleiters I_c überschritten, der Strombegrenzer beginnt resistiv zu wirken und der Kurzschlussstrom wird begrenzt. Dieser Betriebszustand wird im Folgenden als **Strombegrenzerbetrieb** bezeichnet. Der Betrag des begrenzt prospektiven Stroms $i_{p,lim}$ (Scheitelwert in der ersten Halbwelle) hängt von der Summe des Innenwiderstands des Netzes Z_i und dem Bandleiterwiderstand R_{SL} [Sch09a].

$$i_{p,lim} = \frac{U_0}{Z_i + R_{SL}(i,T)}. \tag{2.13}$$

Während der Strombegrenzung erwärmt sich der Supraleiter über seine kritische Temperatur T_c hinaus auf die Maximaltemperatur T_{max}. Unter Annahme adiabater Erwärmung beschreibt die folgende Gleichung die physikalische Abhängigkeit von der Maximaltemperatur von den Materialkennwerten und den elektrischen Randbedingungen [SSW08a].

$$T_{max} = \int_0^{t_{lim}} \frac{U_0^2(t)}{c_p(T(t))} \cdot \frac{R_{SL}(i,T(t))}{\left(R_{SL}(i,T(t)) + Z_i\right)^2}\, dt + 77K \tag{2.14}$$

Hierbei sind t_{lim} die Kurzschlussdauer, U_0 die Quellenspannung, $c_p(T)$ die Wärmekapazität des gesamten Bandleiters, $R_{SL}(i,T)$ der Bandleiterwiderstand, Z_i der Innenwiderstand der Quelle und $T(t)$ der zeitliche Verlauf der Temperatur. Die Kurzschlussdauer t_{lim} wird gemessen zwischen dem Eintreten des Kurzschlusses und dem Abschalten des Kurzschlusses. Durch die Erwärmung steigt der Bandleiterwiderstand $R_{SL}(i,T)$ an, wodurch sich der Strom weiter reduziert.

Ohne Strombegrenzer würde der Strom nur vom Innenwiderstand der Quelle Z_i begrenzt. Der prospektive Kurzschlussstrom i_p (Scheitelwert in der ersten Halbwelle ohne Strombegrenzung) errechnet sich im Falle eines generatorfernen Kurzschlusses nach

$$i_p = \frac{U_0}{Z_i}. \tag{2.15}$$

und übersteigt den begrenzt prospektiven Kurzschlussstrom $i_{p,lim}$ wesentlich. Dies ist in Abb. 2.10 als gepunktete Linie dargestellt. Anhand beider Werte kann das Maß der Strombegrenzung durch den Begrenzungsfaktor b ausgedrückt werden.

$$b = \frac{i_{p,lim}}{i_p} = \frac{1}{1 + \dfrac{R_{SL}}{Z_i}} \tag{2.16}$$

Die Wahl des Begrenzungsfaktors muss für den konkreten Anwendungsfall so gewählt werden, dass einerseits die zulässige Belastungsgrenze der Betriebsmittel nicht überschritten wird und andererseits der bestehende Netzschutz den Kurzschluss detektiert und abschaltet.

Der Begrenzungsfaktor wird beim Entwurf durch Wahl des Bandleiterwiderstands $R_{SL}(T)$ im normalleitenden Zustand eingestellt. Wie aus Gl. (2.1) hervorgeht, kann dies durch die Wahl der Bandleiterlänge ℓ und der Schichtdicke der Stabilisierung h_{Cu} erfolgen, da die Schichtdicke der Stabilisierung nahezu frei wählbar ist. Hierbei ist zu beachten, dass die Wärmekapazität des Bandleiters hinreichend groß ist, damit der Bandleiter während einer Strombegrenzung keinen Schaden nimmt [SKN08].

Nach dem Kurzschluss muss der Bandleiter von der maximalen Temperatur T_{max} wieder unter die kritische Temperatur T_c rückkühlen. Dieser Betriebszustand wird im Folgenden als **Rückkühlung** bezeichnet. Er beginnt mit dem Zeitpunkt des Abschaltens des Kurzschlusses und endet, sobald der Supraleiter wieder vollständig supraleitend ist. Die Zeitspanne wird als t_{rec} bezeichnet. Im gewählten Beispiel, in dem nur der Abgang, in dem der Kurzschluss aufgetreten ist, abgeschaltet werden muss, erfolgt die Rückkühlung unter Laststrom, damit die anderen Abgänge weiter versorgt werden. Hierzu muss die im Bandleiter umgesetzte, auf die Leiterlänge bezogene, spezifische Leistung P'_{zu} geringer sein als die an das Kühlmedium abgegebene, auf die Leiterlänge bezogene, spezifische Leistung P'_{ab}. Die zugeführte spezifische Leistung P'_{zu} berechnet sich in Abhängigkeit des Widerstandsbelags des Bandleiters $R'_{SL}(T)$ und des Stroms I nach

$$P'_{zu} = R'_{SL} \cdot I^2. \tag{2.17}$$

Die abgeführte spezifische Leistung P'_{ab} hängt ab von der Siedekennlinie des Kühlmediums. Die Kühleigenschaften von flüssigem Stickstoff werden in Kapitel 2.3 beschrieben.

Strombegrenzung supraleitender Transformatoren

Bei der Verwendung von YBCO-Bandleitern in Transformator-Wicklungen sind die strombegrenzenden Eigenschaften der Supraleiter auf das elektrische Verhalten der Transformatoren zu übertragen. Die im Transformator-Ersatzschaltbild in Abb. 2.7 variabel dargestellten Wicklungswiderstände supraleitender Transformatoren R_{os} und R_{us} sind durch die Verwendung von Supraleitern im Normalbetrieb gleich Null, da sich die Bandleiter im supraleitenden Zustand befinden. Im Strombegrenzerbetrieb nehmen sie einen endlichen Wert an, sobald der kritische Strom der Bandleiter überschritten wird.

Beim Transformator-Entwurf ermöglicht diese Wirkungsweise die Streuinduktivität L_σ geringer auszuführen als bei konventionellen Transformatoren, da deren Beitrag zur Reduktion von Kurzschlussströmen nicht benötigt wird.

2.3 Kühleigenschaften von flüssigem Stickstoff

In dieser Arbeit wird zur kryotechnischen Kühlung der YBCO-Bandleiter nur Badkühlung mit flüssigem Stickstoff unter Normaldruck (1013 mbar) auf Siedetemperatur (77,4 K) betrachtet. Der in den flüssigen Stickstoff übertragene Wärmestrom $\dot{Q}$ kann vereinfacht anhand der Wärmestromdichte $\dot{q}_w(\Delta T)$ (flächenbezogene Kühlleistung) und der wirksam gekühlten Leiteroberfläche A nach

$$\dot{Q} = \dot{q}_w(\Delta T) \cdot A \tag{2.18}$$

berechnet werden [VDI06]. Die Abhängigkeit der Wärmestromdichte $\dot{q}_w$ von der Temperaturdifferenz ΔT zwischen dem flüssigen Stickstoff und dem zu kühlenden Feststoff wurde für statische Zustände erstmals von [MC62] experimentell ermittelt. Dies erfolgte durch die Messung des Temperaturverlaufs einer Stahlkugel großer Masse, die, in flüssigen Stickstoff eingetaucht, langsam von Raumtemperatur auf 77 K abgekühlt wurde.

Abb. 2.11 zeigt die Messergebnisse in Form der quasi statischen Siedekennlinie. Der Verlauf der Wärmeübertragung an das siedende Bad kann für statische Zustände in Bereiche eingeteilt werden, in denen verschiedene Kühlmechanismen wirksam sind.

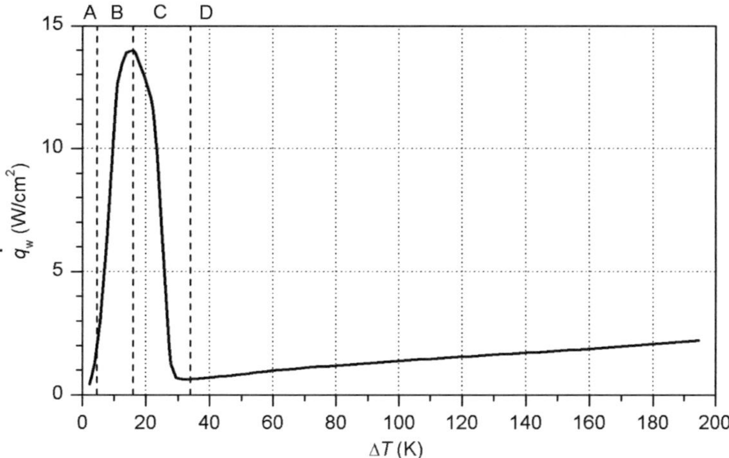

Abb. 2.11:   Quasistatische Siedekennlinie von flüssigem Stickstoff unter Normaldruck nach [MC62].

Bereich A: Bei geringen Temperaturdifferenzen bis etwa 4 K erfolgt der Wärmeübergang in die Flüssigkeit durch freie **Konvektion**. Die übertragene Wärmestromdichte ist gering.

Bereich B: Oberhalb von 4 K setzt **Blasensieden** ein, die Wärmestromdichte steigt stark an und erreicht bei etwa 15 K ein Maximum mit $\dot{q}_w(15\ \text{K}) = 14\ \text{W/cm}^2$.

21

Bereich C: Ab einer Temperaturdifferenz von 15 K beginnt das **Übergangssieden,** in dem so viel Gas entsteht, dass immer weniger Flüssigkeit direkten Kontakt mit dem Festkörper hat. Die entstehenden Gasfilme reduzieren den Wärmeübergang, wodurch die Wärmestromdichte stark abnimmt.

Bereich D: Bei einer Temperaturdifferenz von etwa 34 K erreicht die Wärmestromdichte ein Minimum mit $\dot{q}_w$ (34 K) = 0,8 W/cm². Ab hier beginnt der Bereich des **Filmsiedens.** Die Oberfläche des Feststoffs ist vollständig von einem Gasfilm umgeben, die Wärmestromdichte ist durch den Gasfilm stark reduziert. Mit zunehmender Temperatur steigt die Wärmestromdichte nur wenig an.

Ein Überblick verschiedener experimenteller Untersuchungen zu den Kühleigenschaften von flüssigem Stickstoff ist in [Fis99] zu finden. Es ist festzuhalten, dass bei einer Kühlung mit siedenden Flüssigkeiten im Bereich des Blasensiedens und Übergangssiedens eine erhöhte Wärmeübertragung in die Flüssigkeit erzielt werden kann. Die tatsächlich in einer Anwendung erzielte Kühlleistung ist stark abhängig von der Anordnung (auch im weiteren Umfeld) und der Oberflächenbeschaffenheit. Die Anordnung der Bandleiter und deren Umgebung beeinflussen die Bedingungen für das Zu- und Abströmen des Flüssigkeit-Gas-Gemischs. Daher können die erzielten Werte stark von den Werten der stationären Siedekennlinie abweichen.

Bei der Rückkühlung von YBCO-Bandleitern nach einer Strombegrenzung können Temperaturänderungen in der Größenordnung von weit über 10 K/s auftreten. Die statische Siedekennlinie wurde jedoch bei einer Änderungsgeschwindigkeit von 1,3 K/s gemessen. Es ist anzunehmen, dass die statische Siedekennlinie daher nur bedingt für die Berechnung der Rückkühleigenschaften von YBCO-Bandleitern nach einer Strombegrenzung verwendet werden kann. Zudem ist der Einfluss der unterschiedlichen Breite der YBCO-Bandleiter und der zur Ermittlung der statischen Siedekennlinie gewählten Kugel zu berücksichtigen.

Zur Ermittlung der Kühleigenschaften von flüssigem Stickstoff in supraleitenden Strombegrenzern ist es daher zweckmäßig, das Rückkühlverhalten von YBCO-Bandleitern in flüssigem Stickstoff für eine einfache Anordnung systematisch zu untersuchen.

3 Rückkühlverhalten von YBCO-Bandleitern in Strombegrenzern

Dieses Kapitel beschreibt die durchgeführten experimentellen Untersuchungen zum Rückkühlverhalten von YBCO-Bandleitern in supraleitenden strombegrenzenden Systemen nach einer Strombegrenzung (vgl. Kapitel 2.2). Diese wurden als Voruntersuchungen zur Berücksichtigung des Rückkühlverhaltens der Transformator-Wicklungen im zu erstellenden Entwurfsgang für supraleitende Transformatoren (siehe Kapitel 4) durchgeführt.

Ziel der hier durchgeführten Untersuchungen war es, den Einfluss verschiedener Parameter auf das Rückkühlverhalten systematisch zu ermitteln und den maximalen Laststrom zu bestimmen, unter dem noch eine Rückkühlung erfolgt.

Zum Verhalten von YBCO-Bandleitern in supraleitenden Strombegrenzern wurden weltweit bereits zahlreiche Arbeiten veröffentlicht [Sch09a], [BLS09], [LHW09], [XTH07], [NSK09], [KSW08], [SKN07], [SSW08a]. Ein Überblick über den Stand der Entwicklungen von Strombegrenzern ist in [NS07] zu finden. Das Rückkühlverhalten von YBCO-Bandleitern nach einer Strombegrenzung unter Laststrom wurde jedoch bisher kaum untersucht. Eine Arbeit zur Untersuchung des Rückkühlverhaltens wurde in den USA veröffentlich [MAP10]. In Frankreich wurde hierzu eine optische Untersuchung veröffentlicht [NBT10]. In Japan wurde das Rückkühlverhalten in einem supraleitenden Transformator untersucht [KIH08].

Um den Einfluss verschiedener Parameter auf das Rückkühlverhalten systematisch zu untersuchen wurden bei den Messungen, die im Rahmen der vorliegenden Arbeit durchgeführt wurden, folgende Parameter variiert:

- der Widerstandsbelag $R'_{SL}(T)$ im normalleitenden Zustand. Dieser hat großen Einfluss auf die im Bandleiter umgesetzte Leistung. Er wurde bei den durchgeführten Untersuchungen durch die Wahl unterschiedlich stabilisierter Bandleiter variiert (vgl. Abb. 2.3).

- die Bandleiterbreite b_{SL}. Diese hat einen Einfluss auf einsetzende Gas- und Flüssigkeitsströmungen. Da die Untersuchungen an Bandleitern durchgeführt wurden, die sich in waagerechter Lage frei im flüssigen Stickstoff befanden, hatte die Breite einen Einfluss auf den Wärmefluss in das Kühlmedium.

- die Maximaltemperatur T_{max}, auf die YBCO-Bandleiter während einer Strombegrenzung aufgewärmt werden (vgl. Abb. 2.10). Die Maximaltemperatur wirkt sich auf den Widerstandsbelag der Bandleiter zu Beginn der Rückkühlung sowie den Wärmefluss in die Kühlflüssigkeit aus.

Im Folgenden werden zuerst die Messmethode und die Messeinrichtung beschrieben, anschließend werden die Messergebnisse dargelegt, gegenübergestellt und diskutiert. Auf Grundlage der Messergebnisse wird ein Berechnungsverfahren zur Dimensionierung von YBCO-Bandleitern in supraleitenden strombegrenzenden Systemen eingeführt. Das Verfahren ermöglicht die Berechnung des Widerstandsbelags der Bandleiter bei dem diese nach einer Strombegrenzung unter einem vorgegebenen Laststrom rückkühlen.

3.1 Messmethode und Messeinrichtung

Messmethode

Die gewählten Bandleiter wurden in einer Probenhalterung vollständig in flüssigen Stickstoff eingetaucht und mittels eines Kurzschlusses auf eine vorgegebene Temperatur T_{max} erwärmt. Unmittelbar im Anschluss wurden sie mit einem Laststrom i_L, belastet wobei die Rückkühldauer t_{rec} gemessen wurde. Von Messung zu Messung wurde der Laststrom schrittweise erhöht, bis die Bandleiter nicht mehr rückkühlten. Der obere Grenzwert des Laststroms, ab dem keine Rückkühlung mehr erfolgte, wird im Folgenden als I_G bezeichnet.

Diese Messreihen wurden für verschiedene Maximaltemperaturen T_{max} ermittelt. Um eine mögliche Degradation der Bandleiter durch die Rückkühlmessungen festzustellen, wurde jeweils nach dem Kaltfahren und vor dem Warmfahren der Messeinrichtung eine Messung des kritischen Stroms I_c durchgeführt und die Messwerte verglichen. Der Ablauf einer Messung sowie eine Beschreibung der Messeinrichtung zur Durchführung einer I_c-Messung sind in Anhang A.3 dargelegt.

Messeinrichtung

Für die Versuchsdurchführung wurden die Bandleiter horizontal in die in Abb. 3.1 dargestellte Probenhalterung eingespannt. Zur Stromeinkopplung wurden sie mit dünner Indium-Folie umwickelt und in Kupferkontakte gepresst. Auf den Bandleitern wurden in Abständen von jeweils 10 cm Spannungsabgriffe befestigt, so dass die Gesamtspannung U_{SL} über 1 m Länge und die Teilspannungen U_1 bis U_{10} über jeweils 10 cm Länge gemessen werden konnten.

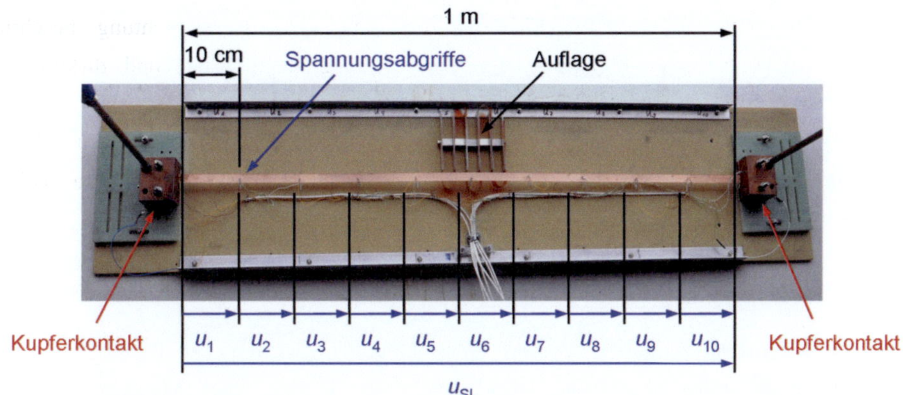

Abb. 3.1:   Probenhalterung für Rückkühlmessungen mit Bandleiter, Kupferkontakten und Auflage. Gesamtspannung U_{SL} über 1 m gemessen, Teilspannungen U_1 bis U_{10} über 10 cm gemessen.

Um ein Durchhängen des Bandleiters zu vermeiden, wurde in der Mitte eine Auflage mit geringer Auflagefläche unterlegt. Die Probenhalterung wurde in den in Abb. 3.2 abgebildeten Kryostat eingebracht.

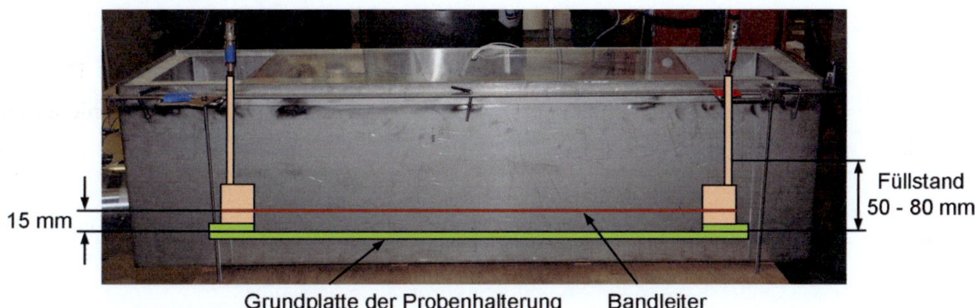

Abb. 3.2:   Kryostat für Rückkühlmessungen. Dargestellt sind die Stromzuführungen und die Abstände des Bandleiters über der Grundplatte der Probenhalterung sowie der Füllstand des flüssigen Stickstoffs.

Der Bandleiter wurde in einer Höhe von 15 mm eingespannt. Der flüssige Stickstoff wurde in regelmäßigen Abständen nachgefüllt, so dass der Füllstand zwischen 50 und 80 mm über der Grundplatte der Probenhalterung (35 bis 65 mm über dem Bandleiter) betrug.

Messablauf

Die Strombelastung der YBCO-Bandleiter wurde mittels der in Abb. 3.3 dargestellten elektrischen Schaltung realisiert. Als Quelle wurde ein 400 kVA Transformator mit einer Ausgangsspannung von $U = 28{,}8\ \text{V}_{\text{eff}}$ und 50 Hz verwendet. Die Messeinrichtung ist in Anhang A.1 ausführlich beschrieben.

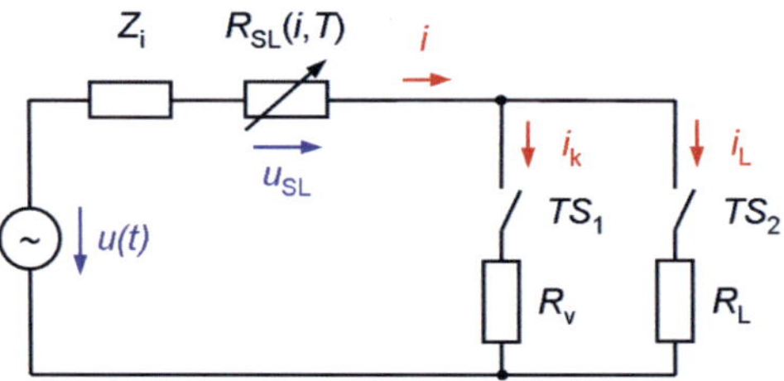

Abb. 3.3: Elektrische Schaltung zur Messung des Rückkühlverhaltens von YBCO-Bandleitern nach einer Strombegrenzung.

Abb. 3.4 zeigt den zeitlichen Verlauf einer Messung, bei der der Bandleiter nach der Strombegrenzung unter Laststrom rückkühlte. Zu Beginn der Messung wurde der Thyristorschalter TS_2 geschlossen. Hierdurch floss der Laststrom i_L durch den Bandleiter. Der Betrag des Laststroms wurde durch die Wahl des Lastwiderstands R_L voreingestellt. Da der Laststrom geringer war als der kritische Strom des Bandleiters, befand sich dieser im supraleitenden Zustand. Somit galt $R_{SL} = 0\ \Omega$, und über dem Bandleiter fiel keine Spannung ab ($u_{SL} = 0$ V).

Zum Zeitpunkt $t = 0$ s wurde der Thyristorschalter TS_2 geöffnet und TS_1 geschlossen. Hierdurch floss der Kurzschlussstrom i_k durch den Bandleiter. Der Betrag des prospektiven Kurzschlussstroms i_p wurde über die Wahl des Vorwiderstands R_v voreingestellt (Prospektiv = Scheitelwert des Stroms in der ersten Halbwelle ohne Bandleiterwiderstand R_{SL}). Beim Überschreiten des kritischen Stroms I_c des Bandleiters begann dieser, resistiv zu wirken und einen Widerstand $R_{SL}(T)$ zu entwickeln, der den Kurzschlussstrom begrenzte. Über dem Bandleiterwiderstand fiel die Spannung u_{SL} ab. Aufgrund der daraus resultierenden Erwärmung stieg der Bandleiterwiderstand weiter an und begrenzte den Kurzschlussstrom stärker. Aufgrund des Widerstandsanstiegs wurde auch der Spannungsabfall über dem Bandleiter größer. Am Ende der Begrenzungsdauer t_{lim} erreichte der Bandleiter seine Maximaltemperatur T_{max}. Der Betrag der Maximaltemperatur wurde durch die Wahl des prospektiven Stroms i_p und der Kurzschlussdauer t_{lim} variiert. Die Werte wurden für jede Messung voreingestellt.

Nach der Kurzschlussdauer t_{lim} (hier $t_{lim} = 20$ ms) wurden zeitgleich TS_1 geöffnet und TS_2 geschlossen. Nun begann die Messung der Rückkühlzeit t_{rec}. Es floss der durch den Bandleiterwiderstand reduzierte Laststrom i_L. War dieser gering, so war die Leistung, die dem Bandleiter zugeführt wurde, geringer als der Wärmestrom, den er an den flüssigen Stickstoff abgab, und er kühlte zurück. In diesem Fall sank der Widerstand des Bandleiters ab, bis er wieder vollständig supraleitend war. Beim Erreichen von $u_{SL} = 0$ V endet die Rückkühlzeit t_{rec}. Kriterium war hierfür das Unterschreiten der Spannung von $|u_{SL}| < 15$ mV.

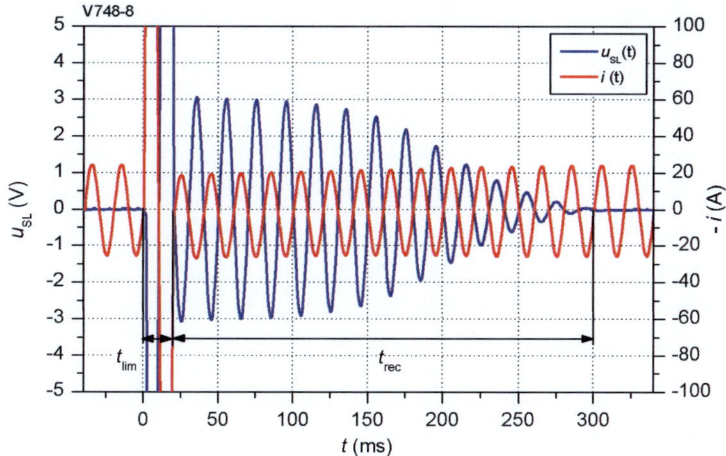

Abb. 3.4   Zeitlicher Verlauf von Spannung und Strom über einem 12 mm breiter YBCO-Bandleiter ohne Kupferstabilisierung während einer Rückkühlung. Dauer der Strombegrenzung t_{lim} = 20 ms, maximale Temperatur nach der Strombegrenzung T_{max} = 132 K.

Diese Messung wurde so oft wiederholt, bis der Laststrom i_L einen Wert erreichte, bei dem die zugeführte elektrische Leistung höher war als der an den flüssigen Stickstoff abgegebene Wärmestrom. In diesem Fall erwärmte sich der Bandleiter nach der Strombegrenzung weiter und die Spannung u_{SL} stieg nach der Strombegrenzung an. Ein solcher Spannungsanstieg ist in Abb. 3.5 für einen Teilbereich des Bandleiters dargestellt.

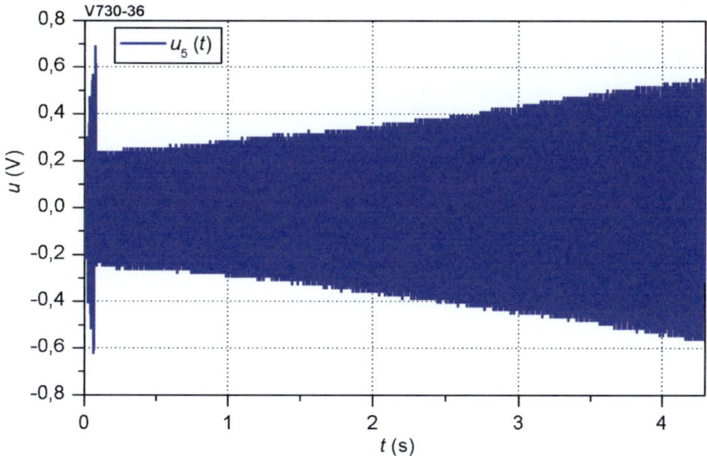

Abb. 3.5   Zeitlicher Verlauf der Teilspannung u_5 über einem Teilbereich eines 12 mm breiten YBCO-Bandleiters mit 20 µm Kupferstabilisierung während einer Messung, bei der der Bandleiter nicht rückkühlt. Dauer der Strombegrenzung t_{lim} = 80 ms, maximale Temperatur nach der Strombegrenzung T_{max} = 130 K.

Wurde bei den Messungen ein solcher Spannungsanstieg beobachtet, wurde die Messung abgebrochen und der Stromwert des Laststroms i_L als oberer Grenzwert der Rückkühlung mit I_G dokumentiert.

Die Ermittlung der Maximaltemperatur T_{max} am Ende einer Strombegrenzung erfolgte indirekt über die Bestimmung des Bandleiterwiderstands R_{SL} aus der Messung und den im Voraus ermittelten temperaturabhängigen Widerstandsbelag R'_{SL} zwischen 77 K und 293 K. Der Bandleiterwiderstand wurde während einer Messung aus der Spannung u_{SL} und dem Strom i berechnet. In Abb. 3.6 ist der so ermittelte Widerstandsverlauf während einer Strombegrenzung der Dauer $t_{lim} = 80$ ms dargestellt.

In der Messkurve wurden die Bereiche um den Nulldurchgang des Stroms entfernt. In diesem Beispiel betrug der maximale Bandleiterwiderstand am Ende der Strombegrenzung extrapoliert $R_{SL} = 21{,}2$ mΩ (gemessen über einen Meter Länge). Anhand des im Voraus ermittelten temperaturabhängigen Widerstandsbelags (vgl. Abb. 2.3) wurde der Bandleiterwiderstand von $R_{SL} = 21{,}2$ mΩ/m einer Maximaltemperatur von $T_{max} = 210$ K zugeordnet. Zwischen den einzelnen Messungen variierte die angefahrene Maximaltemperatur um etwa 2 K.

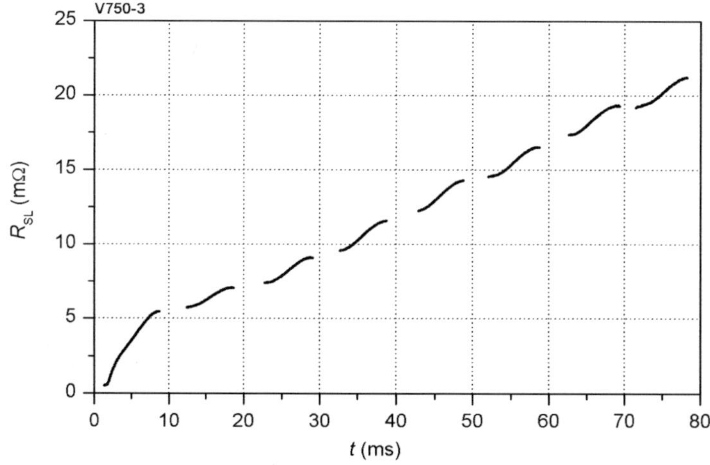

Abb. 3.6: Gemessener Verlauf des Bandleiterwiderstands R_{SL} während einer Strombegrenzung der Dauer $t_{lim} = 80$ ms. Die Bereiche um den Nulldurchgang des Stroms wurden entfernt.

3.2 Messergebnisse

Zunächst werden die untersuchten Bandleiter beschrieben. Das Hauptauswahlkriterium für die Bandleiter war deren kommerzielle Verfügbarkeit. Um den Einfluss der Breite b_{SL} und der Stabilisierung der Bandleiter auf das Rückkühlverhalten zu ermitteln, wurden für die

Versuchsdurchführung folgende Proben gewählt. In der Namensgebung wurden der Hersteller, die Bandleiterbreite sowie die Schichtdicke und die Art der Stabilisierung unterschieden. Die Buchstaben „A" und „B" kennzeichnen verschiedene Hersteller. Die nachgestellten Zahlen geben die Bandleiterbreite in Millimetern an, nach dem Bindestrich folgen Angaben zur Stabilisierung. Die Zahlen geben die Schichtdichte der elektrogalvanisch aufgebrachten Stabilisierung aus Kupfer an. Die Kennzeichnung „SS" bedeutet, dass eine Edelstahlstabilisierung aufgelötet wurde (vgl. Abb. 2.2). Für diesen Bandleiter sind keine Angaben zu den Schichtdicken verfügbar.

Tab. 3.1: Ausgewählte YBCO-Bandleiter zur Untersuchung des Rückkühlverhaltens.

Probe	Breite b_{SL} (mm)	Höhe h_{SL} (mm)	kritischer Strom I_{c} (A)	Stabilisierung	R'_{SL} (293 K) (mΩ/m)
A4-40	4	0,09[a]	77[a]	40 µm Cu[b]	79,4
B4-SS	4	0,40[a]	93[a]	300 µm SS[b,c]	340,4
A12-0	12	0,06[a]	177[a]	-	299,0
A12-40	12	0,09[a]	270[a]	40 µm Cu[b]	31,2
A12-50	12	0,11[a]	265[a]	50 µm Cu[b]	27,1

[a] Herstellerangabe, [b] Schichtdicke +/- 20 %, [c] SS: Edelstahl mit Lot

Die ausgewählten Bandleiter wurden bei den Messungen auf die in Tab. 3.2 aufgelisteten Maximaltemperaturen erwärmt. Zwischen 100 K und 150 K wurde eine geringere Schrittweite gewählt, um den Einfluss des Maximums der statischen Siedekennlinie abbilden zu können.

Tab. 3.2: Maximaltemperaturen T_{max}, auf die die Bandleiter in den Messungen aufgewärmt wurden.

T_{max}	100 K	115 K	130 K	150 K	200 K	250 K

Im Folgenden wird an Stelle des Effektivwerts des Laststroms I_{L} dessen Scheitelwert $\hat{i}_{\mathrm{L}}$ angegeben, um das Verhältnis zum kritischen Strom der Bandleiter deutlich herauszustellen.

3.2.1 YBCO-Bandleiter mit 4 mm Breite

In Abb. 3.7 sind die gemessenen Widerstandsbeläge der 4 mm breiten Bandleiter B4-SS und A4-40 in Abhängigkeit von der Temperatur dargestellt. Die kritische Temperatur T_{c} der beiden Bandleiter beträgt 89 K. Der Widerstandsbelag des mit Edelstahl stabilisierten Bandleiters B4-SS weist einen steileren Anstieg zwischen 92 K und Raumtemperatur (293 K) auf als der mit Kupfer stabilisierte Bandleiter A4-40. Bei einer Temperatur von 92 K unterscheiden sich die Werte der Bandleiter um den Faktor 7,6.

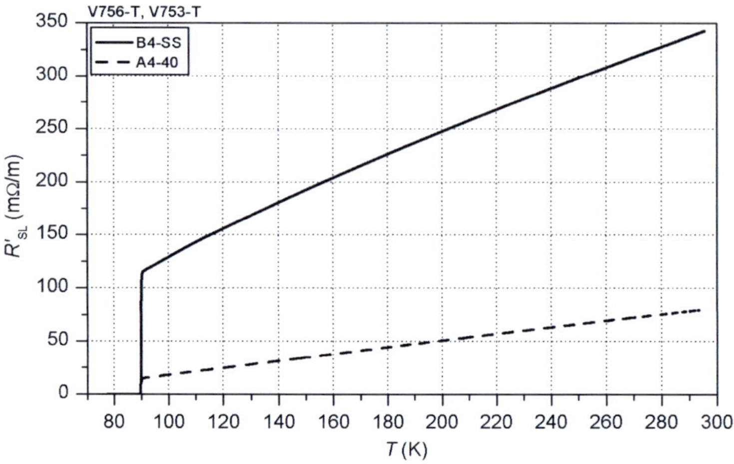

Abb. 3.7:   Widerstandsbelag in Abhängigkeit von der Temperatur der gewählten 4 mm breiten YBCO-Bandleiter.

In den Diagrammen Abb. 3.8 und Abb. 3.9 sind die Rückkühlzeiten t_{rec} des Bandleiters B4-SS und des Bandleiters A4-40 in Abhängigkeit des Laststroms $\hat{i}_L$ für unterschiedliche Maximaltemperaturen T_{max} dargestellt. Die Verläufe der Kurven gleicher Maximaltemperatur sind zur besseren Übersicht mit exponentiellen Anpassungsfunktionen hinterlegt. Der Wert des Laststroms, ab dem die Bandleiter nicht mehr rückkühlten, wird als Grenzwert der Rückkühlung I_G bezeichnet und in den Diagrammen als senkrechte, gepunktete Linie dargestellt. Zudem ist in jedem Diagramm der kritische Strom der Bandleiter I_c markiert.

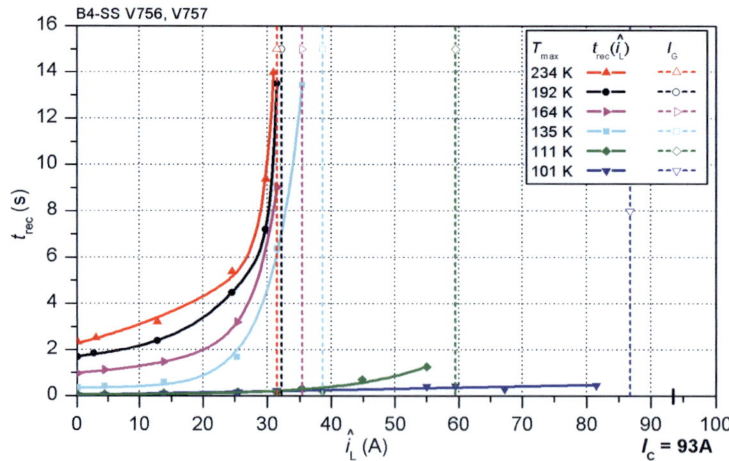

Abb. 3.8:   Rückkühlzeit t_{rec} in Abhängigkeit des Laststroms $\hat{i}_L$ bei verschiedenen Maximaltemperaturen T_{max} für B4-SS. Die mit nicht ausgefüllten Symbolen gekennzeichneten Linien markieren den Grenzwert der Rückkühlung I_G, ab dem der Bandleiter nicht mehr rückkühlt.

Wie erwartet steigt die Rückkühldauer mit zunehmender Maximaltemperatur und mit zunehmendem Laststrom an. Der Kurvenverlauf variiert in Abhängigkeit von der Maximaltemperatur. Bei geringen Maximaltemperaturen (100 K und 115 K) ist die Kurvensteigung nur gering und der Grenzwert der Rückkühlung wird ohne markanten Anstieg erreicht. Bei höheren Maximaltemperaturen (ab 130 K) wird die Kurvensteigung mit zunehmendem Laststrom immer größer. Die maximalen Rückkühlzeiten liegen unterhalb von 25 s. Je höher die Maximaltemperatur gewählt wurde desto niedriger lag der Grenzwert der Rückkühlung.

Beim Bandleiter B4-SS reduziert sich der Grenzwert der Rückkühlung von 87 A (94 % I_c) bei 101 K auf 32 A (34 % I_c) bei 234 K. Beim Bandleiter A4-40 reduziert sich dieser von 79 A (103 % I_c) bei 132 K auf 76 A (99 % I_c) bei 248 K. Für die Maximaltemperaturen von 118 K und 98 K liegt der Grenzwert oberhalb von 79 A, mehr als drei Prozent oberhalb des kritischen Stroms des Bandleiters. Der exakte Wert wurde nicht ermittelt, um das Risiko einer Zerstörung durch eine lokale Überhitzung (Hot-Spot) zu vermeiden. Dieses Risiko besteht aufgrund des steilen Anstiegs des Bandleiterwiderstands im Bereich des kritischen Stroms.

Der kritische Strom ist definiert als der Wert, bei dem die elektrische Feldstärke über dem Bandleiter gerade 1 µV/cm beträgt. Der Anstieg des elektrischen Widerstands erfolgt in diesem Bereich nach einem Potenzgesetz. Aufgrund dieses steilen Anstiegs liegt die maximale Strombelastbarkeit des Bandleiters im supraleitenden Zustand nur geringfügig oberhalb des kritischen Stroms. Um eine Zerstörung des Bandleiters zu vermeiden, wurde eine Messung mit höherem Laststrom nicht durchgeführt.

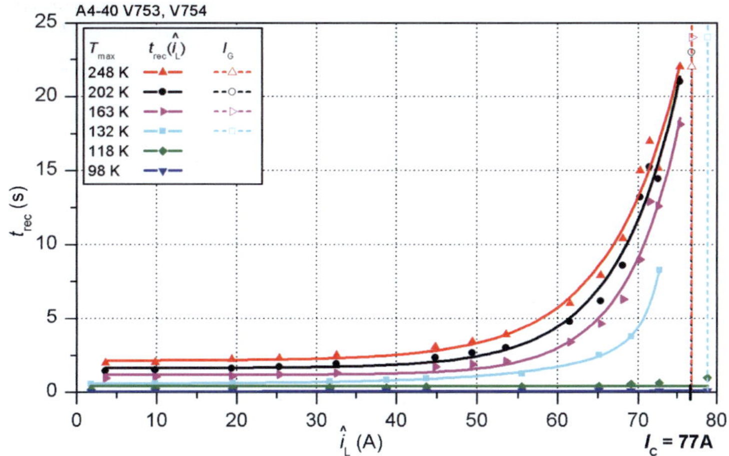

Abb. 3.9: Rückkühlzeit t_{rec} in Abhängigkeit des Laststroms $\hat{i}_L$ bei verschiedenen Maximaltemperaturen T_{max} von A4-40. Die mit nicht ausgefüllten Symbolen gekennzeichneten Linien markieren den Grenzwert der Rückkühlung I_G, ab dem der Bandleiter nicht mehr rückkühlt.

3.2.2 YBCO-Bandleiter mit 12 mm Breite

In Abb. 3.10 sind die Widerstandsbeläge der 12 mm breiten Bandleiter A12-0, A12-40 und A12-50 in Abhängigkeit von der Temperatur dargestellt.

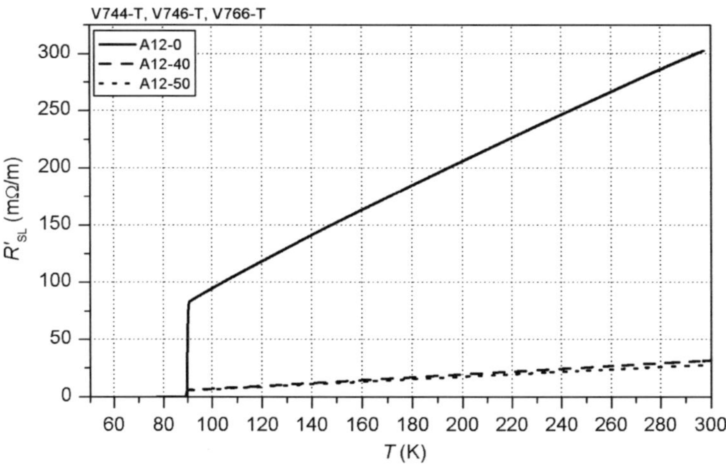

Abb. 3.10: Widerstandsbelag in Abhängigkeit von der Temperatur der gewählten 12 mm breiten YBCO-Bandleiter.

Die kritische Temperatur T_c der beiden Bandleiter A12-0 und A12-50 beträgt 90 K, die des Bandleiters A12-40 89 K. Der Widerstandsbelag des nicht stabilisierten Bandleiters A12-0 ist bei 92 K um den Faktor 13,3 höher als der des mit 40 µm Kupfer stabilisierten Bandleiters A12-40, und um den Faktor 15,0 höher als der des mit 50 µm Kupfer stabilisierten Bandleiters A12-50. Die beiden Kupfer stabilisierten Bandleiter liegen dicht zusammen und weichen bei 92 K nur um den Faktor 1,1 voneinander ab.

Die folgenden Diagramme zeigen die Rückkühlzeiten t_{rec} jedes einzelnen Bandleiters in Abhängigkeit des Laststroms bei unterschiedlichen Maximaltemperaturen T_{max}. In Abb. 3.11 sind die Rückkühlzeiten des Bandleiters A12-0, in Abb. 3.12 die Rückkühlzeiten des Bandleiteiters A12-40 und in Abb. 3.13 die Rückkühlzeiten des Bandleiters A12-50 in Abhängigkeit des Laststroms für verschiedene Maximaltemperaturen dargestellt.

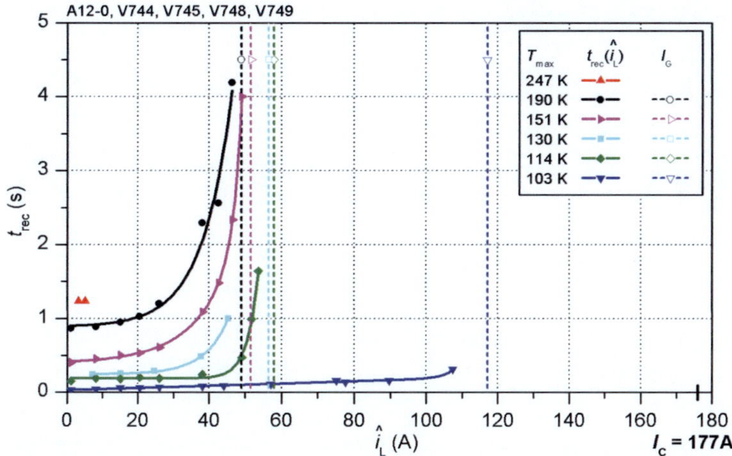

Abb. 3.11: Rückkühlzeit t_{rec} in Abhängigkeit des Laststroms $\hat{i}_L$ für verschiedene Maximaltemperaturen T_{max} von Probe A12-0. Die mit nicht ausgefüllten Symbolen gekennzeichneten Linien markieren den Grenzwert I_G, ab dem der Bandleiter nicht mehr rückkühlt.

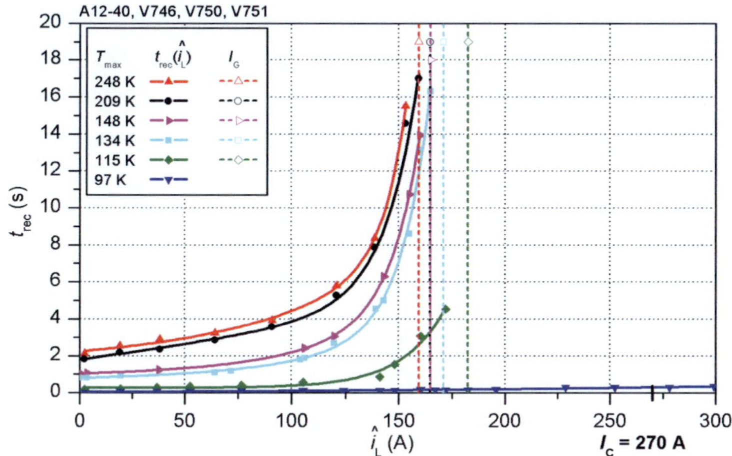

Abb. 3.12: Rückkühlzeit t_{rec} in Abhängigkeit des Laststroms $\hat{i}_L$ für verschiedene Maximaltemperaturen T_{max} von Probe A12-40. Die mit nicht ausgefüllten Symbolen gekennzeichneten Linien markieren den Grenzwert I_G, ab dem der Bandleiter nicht mehr rückkühlt.

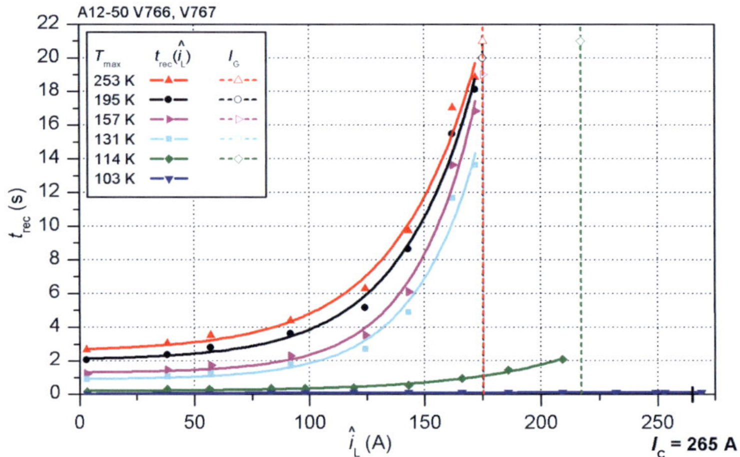

Abb. 3.13: Rückkühlzeit t_{rec} in Abhängigkeit des Laststroms $\hat{i}_L$ für verschiedene Maximaltemperaturen T_{max} von Probe A12-50. Die mit nicht ausgefüllten Symbolen gekennzeichneten Linien markieren den Grenzwert I_G, ab dem der Bandleiter nicht mehr rückkühlt.

Wie erwartet kann man auch bei den 12 mm breiten Bandleitern beobachten, dass die Rückkühldauer mit zunehmender Maximaltemperatur und zunehmendem Laststrom ansteigt. Ebenso sind auch die Kurvenverläufe abhängig von der Maximaltemperatur. Bei geringen Maximaltemperaturen (100 K und 115 K) sind die Kurvensteigungen nur gering und der Grenzwert der Rückkühlung wird ohne markanten Anstieg erreicht. Bei höheren Maximaltemperaturen (ab 130 K) wird die Kurvensteigung mit zunehmendem Laststrom immer größer. Die maximalen Rückkühlzeiten liegen unterhalb von 20 s. Der Grenzwert der Rückkühlung liegt insgesamt höher als bei den 4 mm breiten Bandleitern und nimmt mit zunehmender Maximaltemperatur ab.

Beim Bandleiter A12-0 reduziert sich der Grenzwert der Rückkühlung von 117 A (66 % I_c) bei 103 K auf 49 A (28 % I_c) und bei 190 K. Für die Maximaltemperatur von 247 K wurde dieser nicht ermittelt. Beim Bandleiter A12-40 reduziert sich der Grenzwert der Rückkühlung von 183 A (68 % von I_c) bei 115 K auf 159 A (59 % von I_c) bei 248 K. Für die Maximaltemperatur von 97 K liegt der Grenzwert oberhalb von 299 A (111 % I_c). Der exakte Wert wurde wie beim Bandleiter A4-40 nicht ermittelt, um eine mögliche Zerstörung durch Hot-Spots aufgrund einer zu hohen Strombelastung zu vermeiden. Beim Bandleiter A12-50 reduziert sich der Grenzwert der Rückkühlung von 217 A (82 % von I_c) bei 114 K auf 175 A (66 % von I_c) bei 253 K. Bei der Maximaltemperatur von 103 K liegt der Grenzwert oberhalb von 269 A (102 % I_c). Der exakte Wert wurde auch hier nicht ermittelt, um eine mögliche Zerstörung durch Hot-Spots zu vermeiden. (Vgl. Messung des Bandleiters A4-40).

3.2.3 Ortsaufgelöstes Rückkühlverhalten

Um den Einfluss von Randbedingungen, wie beispielsweise den Einfluss der Kupferkontakte auf die Rückkühlung zu untersuchen, wurde die Rückkühlung auch ortsaufgelöst gemessen. In Abb. 3.14 ist der zeitliche Verlauf der Teilspannungen über dem Bandleiter A12-40 während eines Rückkühlvorgangs von einer Maximaltemperatur von $T_{max} = 134$ K bei einem Laststrom von $\hat{i}_L = 164,8$ A dargestellt.

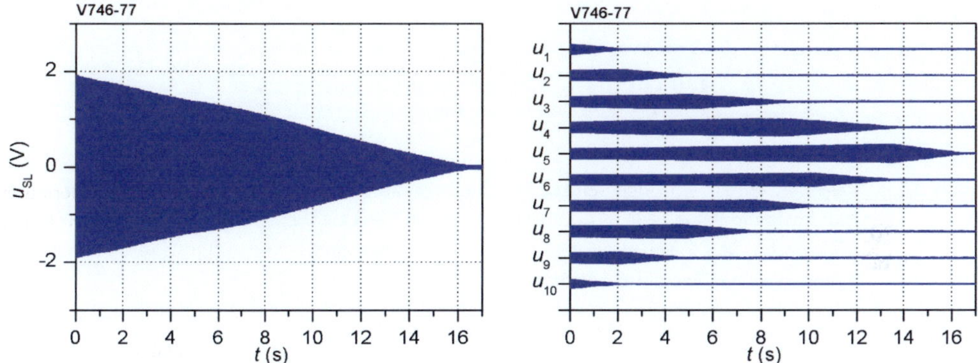

Abb. 3.14: Zeitlicher Verlauf der Gesamtspannung u_{SL} (li) und der Teilspannungen u_1 bis u_{10} (re) während einer Rückkühlung unter Laststrom $\hat{i}_L = 164,8$ A bei einer Maximaltemperatur von $T_{max} = 134$ K. YBCO-Bandleiter A12-40. Rückkühlzeit $t_{rec} = 16,3$ s.

Das linke Bild zeigt den Verlauf der Gesamtspannung u_{SL}. Diese ist die Summe der im rechten Bild dargestellten Teilspannungen u_1 bis u_{10}. Es ist deutlich ersichtlich, dass die Rückkühlung nicht homogen erfolgt, sondern die einzelnen Teilbereiche von den Rändern ausgehend zur Mitte des Bandleiters hin rückkühlen. Abbildung 3.15 zeigt die Rückkühlzeiten der einzelnen Teilbereiche bei verschiedenen Lastströmen und einer Maximaltemperatur von 134 K.

Aus dem Diagramm geht hervor, dass der Rückkühlvorgang bei geringen Lastströmen $\hat{i}_L$ nahezu homogen verläuft. Bei höheren Lastströmen, bei denen dem Bandleiter eine höhere Leistung zugeführt wird, steigt die Rückkühldauer in der Nähe der Kontakte kaum an, während sie im Bereich der Mitte des Bandleiters stark ansteigt.

Der Einbruch der Rückkühlzeiten in den mittleren Strombereichen (119,5 A bis 154,9 A) der Teilspannungen u_5, u_6 und u_7 kann folgende Gründe haben: Bessere Kühlung erklärt durch die Auflage des Bandleiters oder einen besseren Wärmeübergang in die Kühlflüssigkeit aufgrund von lokal unterschiedlichen Oberflächenbeschaffenheiten des Bandleiters.

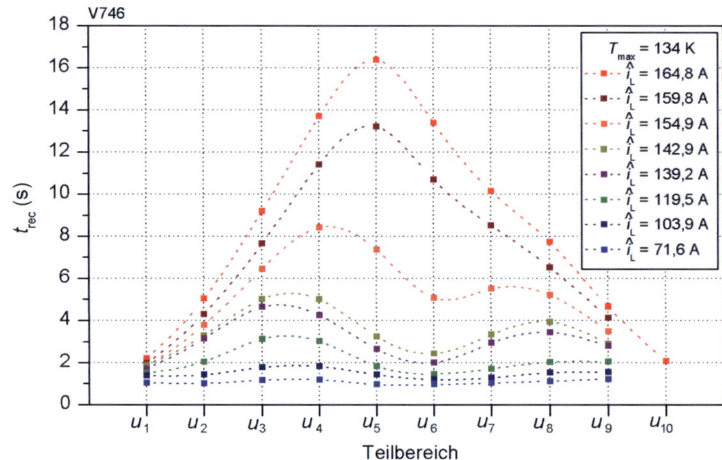

Abb. 3.15: Rückkühlzeiten t_{rec} der einzelnen Teilbereiche eines YBCO-Bandleiters bei einer Maximaltemperatur von $T_{max} = 134$ K und unterschiedlichen Lastströmen $\hat{i}_L$ (Einige Messwerte der Teilspannung u_{10} fehlen aufgrund von Kontaktproblemen der Spannungsabgriffe am Supraleiter).

3.3 Gegenüberstellung und Diskussion

In diesem Kapitel werden der Einfluss der variierten Parameter sowie die Betrachtung von Randbedingungen getrennt voneinander diskutiert.

3.3.1 Einfluss der Maximaltemperatur

In Abb. 3.16 ist der Grenzwert der Rückkühlung der 4 mm breiten Bandleiter in Abhängigkeit von der Maximaltemperatur T_{max} dargestellt. Aus dem Diagramm geht hervor, dass der Bandleiters B4-SS bei der Rückkühlung von der tiefsten Temperatur von $T_{max} = 101$ K eine hohe Stromtragfähigkeit aufweist. Diese nimmt bis zu einer Maximaltemperatur von $T_{max} = 135$ K stark ab und bleibt oberhalb davon bis $T_{max} = 234$ K nahezu konstant. Auch der Bandleiter A4-40 hat das Maximum des Grenzwertes bei der tiefsten Temperatur von $T_{max} = 98$ K. Hierbei ist festzuhalten, dass der Grenzwert der Rückkühlung nicht ermittelt wurde, weil der Bandleiter beim Überschreiten des kritischen Stroms immer noch rückkühlte. Da der Grenzwert der Rückkühlung bei der Messung nicht erreicht wurde, ist in dem Diagramm bei dieser Temperatur kein Messpunkt eingetragen. Der Wert eines vergleichbaren Bandleiters mit höherem kritischem Strom bei dieser Temperatur liegt daher vermutlich deutlich über 79 A. Es ist zu erwarten, dass sich in diesem Fall ein ähnlicher Kurvenverlauf ergibt wie beim Bandleiter B4-SS. Der Grenzwert der Rückkühlung nimmt ähnlich wie beim Bandleiter B4-SS bis $T_{max} = 132$ K ab und bleibt darüber bis $T_{max} = 248$ K nahezu konstant.

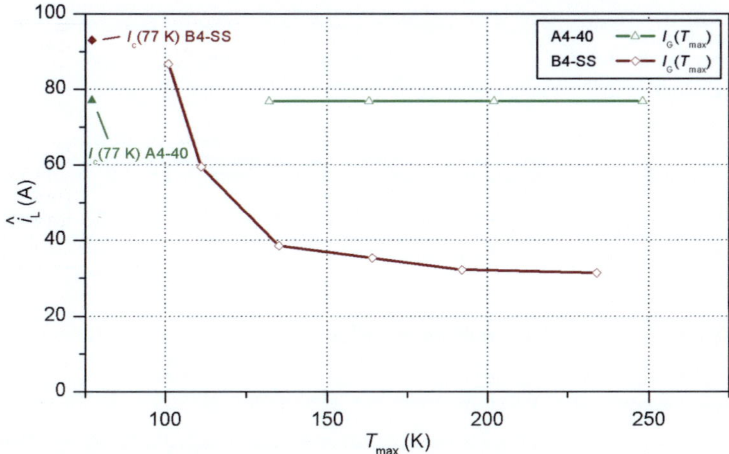

Abb. 3.16: Grenzwert der Rückkühlung I_G über der Maximaltemperatur T_{max} der 4 mm breiten YBCO-Bandleiter.

In Abb. 3.17 ist der Grenzwert der Rückkühlung der 12 mm breiten Bandleiter in Abhängigkeit von der Maximaltemperatur T_{max} dargestellt. Auch diese Diagramme weisen ein Maximum bei geringen Maximaltemperaturen von etwa 100 K auf. Im Falle der stabilisierten Bandleiter A12-40 und A12-50 liegt der Grenzwert bei diesen Temperaturen bereits über dem kritischen Strom, so dass auch hier davon auszugehen ist, dass die Werte vergleichbarer Bandleiter mit höherem kritischen Strom noch höher liegen. Der Grenzwert der Rückkühlung nimmt mit steigender Maximaltemperatur stark ab und bleibt oberhalb von $T_{max} = 114$ K nahezu konstant.

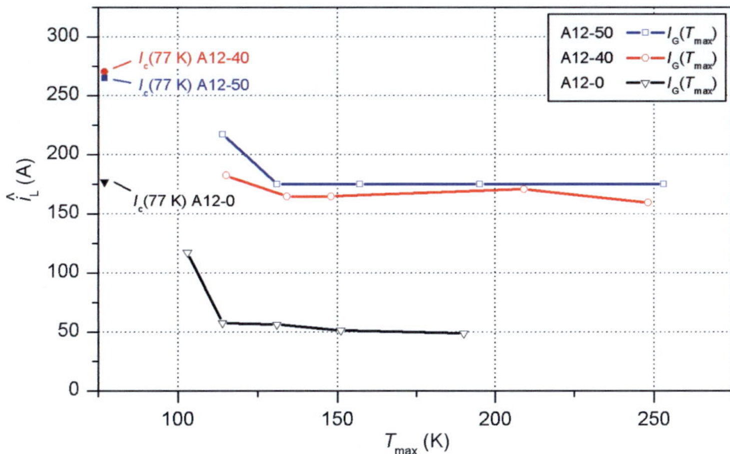

Abb. 3.17: Grenzwert der Rückkühlung I_G über der Maximaltemperatur T_{max} der 12 mm breiten YBCO-Bandleiter.

Die bei allen Bandleitern beobachtete erhöhte Stromtragfähigkeit bei niedrigen Maximaltemperaturen um $T_{max} = 100$ K kann anhand des Verlaufs der statischen Siedekennlinie erklärt werden (vgl. Abb. 2.11). Unterhalb von $T = 111$ K ist die Stromtragfähigkeit signifikant erhöht, weil die Siedekennlinie in diesem Bereich ein Maximum aufweist. Oberhalb dieser Temperatur verläuft die Siedekennlinie nahezu linear ansteigend. Da auch der elektrische Widerstand in diesem Bereich nahezu linear ansteigt, ergibt sich ein nahezu linearer Verlauf des Grenzwertes der Rückkühlung oberhalb von $T = 111$ K.

3.3.2 Einfluss der Leiterstabilisierung

Stellt man die maximalen Rückkühlströme der Bandleiter gleicher Breite gegenüber, so ist festzustellen, dass die Stromtragfähigkeit während des Rückkühlvorgangs mit sinkendem Widerstandsbelag R'_{SL} (zunehmende Stabilisierung) ansteigt. Dies ist aus Abb. 3.16 und Abb. 3.17 abzulesen. Der Zusammenhang zwischen dem Widerstandsbelag R'_{SL} und dem Grenzwert der Rückkühlung I_G kann mathematisch beschrieben werden.

Befindet sich ein Bandleiter nach einer Strombegrenzung auf der Maximaltemperatur T_{max}, so ist die im Bandleiter umgesetzte, auf die Länge bezogene spezifische Leistung P'_{zu} abhängig vom Laststrom i_L und von dessen Widerstandsbelag $R'_{SL}(T)$. Bleibt die Temperatur nach der Strombegrenzung konstant, so befindet sich der Bandleiter im Gleichgewichtszustand, und die zugeführte spezifische Leistung P'_{zu} ist gleich der abgeführten Wärmeflussdichte $\dot{q}'_w$.

Dieser Zustand stellt sich näherungsweise beim Grenzwert der Rückkühlung I_G ein. Unter Vernachlässigung des Randeffekts der Wanderung des Bereichs stärkerer Kühlung ist anzunehmen, dass die Temperatur des Bandleiters nahezu konstant auf der Maximaltemperatur T_{max} bleibt. Unter dieser Annahme kann der Effektivwert der abgeführten quasistatischen Wärmeflussdichte nach

$$\dot{q}_w\left(T_{max}\right) = \frac{R'_{SL}\left(T_{max}\right) \cdot I_G^2\left(T_{max}\right)}{4 \cdot b_{SL}} \tag{3.1}$$

berechnet werden. Es sind T_{max} die Maximaltemperatur, R'_{SL} der Widerstandsbelag des Bandleiters, I_G der messtechnisch ermittelte Grenzwert der Rückkühlung (Scheitelwert) und $\dot{q}_w$ die an den flüssigen Stickstoff abgeführte Wärmeflussdichte. Mit dem Faktor 4 wird die zur Kühlung wirksame Oberfläche der Ober- und Unterseite des Bandleiters und die Berechnung des Effektivwertes berücksichtigt. Dieser Zusammenhang gilt nur für die im Versuch gewählte Anordnung mit der der Grenzwert der Rückkühlung ermittelt wurde.

In Tab. 3.3 ist der nach Gl. (3.1) ermittelte Effektivwert der abgeführten Wärmeflussdichte für jede Maximaltemperatur und alle Bandleiter angegeben.

Tab. 3.3: Effektivwert des abgeführten spezifischen Wärmeflusses $\dot{q}_w$ jedes Bandleiters mit gegebener Breite b_{SL} und Widerstandsbelag $R'_{SL}(T_{max})$ bei Maximaltemperatur T_{max} und Grenzwert der Rückkühlung I_G. Ermittelt nach Gl. (3.1).

Probe	$\dot{q}_w$ (100 K) (W/cm²)	$\dot{q}_w$ (115 K) (W/cm²)	$\dot{q}_w$ (130 K) (W/cm²)	$\dot{q}_w$ (150 K) (W/cm²)	$\dot{q}_w$ (200 K) (W/cm²)	$\dot{q}_w$ (250 K) (W/cm²)
B4-SS	8,4	4,8	2,3	2,3	2,3	2,6
A4-40	-[1]	-[1]	1,6	2,0	2,7	3,5
A12-0	4,0	1,1	1,2	1,2	1,4	-[2]
A12-40	-[1]	0,9	1,0	1,1	1,7	2,1
A12-50	-[1]	1,1	0,9	1,2	1,5	2,1
$\dot{q}_w$ [3]	10,4	0,7	0,9	1,1	1,6	2,0

[1]Die Werte wurden nicht ermittelt, weil der kritische Strom I_c bei der Messung überschritten wurde. [2]Der Wert wurde nicht ermittelt. [3]Vergleichswerte der quasistatischen Siedekennlinie aus Abb. 2.11

Die angegebenen Werte können als Abschätzung des tatsächlich abgeführten Wärmeflusses angesehen werden. Ungenauigkeiten ergeben sich aus der je nach Messung variierenden Maximaltemperatur, aus der ungenauen Temperaturbestimmung (indirektes Verfahren) und aus den nicht homogenen Kühlbedingungen. Hierdurch bleibt die Temperatur der Bandleiter nicht über einen längeren Zeitraum konstant, sondern ändert sich lokal. Zudem ergibt sich eine Abweichung des berechneten Wärmeflusses aufgrund einer Ungenauigkeit bei der Bestimmung der Messwerte. Der angegebene Stromwert I_G wurde im supraleitenden Zustand des Bandleiters ermittelt. Während der Rückkühlmessungen befindet sich der Bandleiter jedoch auf der Maximaltemperatur T_{max} im normalleitenden Zustand und bringt hierdurch den Widerstand $R_{SL}(T_{max})$ in den Stromkreis ein, der den fließenden Strom reduziert. In den betrachteten Fällen beträgt die Reduktion des Grenzwertes I_G beim Bandleiter A12-0 20 %, beim Bandleiter A12-40 10 % und beim Bandleiter A4-40 11 %. Der hierdurch entstehende Fehler reduziert die in Tab. 3.3 angegebene Wärmestromdichte aufgrund der quadratischen Abhängigkeit um maximal 36 % im Fall des Bandleiters A12-0, um maximal 18 % im Fall des Bandleiters A12-40 und um maximal 20 % im Fall des Bandleiters A4-40.

Betrachtet man den spezifischen Wärmefluss $\dot{q}_w$ der Bandleiter gleicher Breite bei derselben Maximaltemperatur, so ist festzustellen, dass im Rahmen der Messgenauigkeit nahezu dieselbe Wärmeflussdichte erzielt wird. Die Werte der statischen Kühlkurve liegen in derselben Größenordnung. Jedoch muss bei diesem Vergleich berücksichtigt werden, dass die Werte mit einer Versuchsanordnung anderer Geometrie ermittelt wurden und die Messergebnisse daher nicht mit den hier erzielten Messergebnissen übereinstimmen muss.

Insgesamt lässt sich aus den Ergebnissen schließen, dass der Widerstandsbelag R'_{SL} das Rückkühlverhalten wie in Gl. (3.1) beschrieben beeinflusst. Bei gegebener maximal abführbarer Wärmestromdichte $\dot{q}_w$ ist der Widerstandsbelag R'_{SL} reziprok zum Quadrat des Grenzwertes I_G.

3.3.3 Einfluss der Bandleiterbreite

Zur Bestimmung des Einflusses der Bandleiterbreite werden nur Bandleiter mit ähnlicher Stabilisierung betrachtet. Diese sind die Proben A12-40 und A4-40. Beide haben denselben Aufbau, eine Kupferstabilisierung von etwa 40 µm und unterscheiden sich in ihrer Breite. Bezogen auf die Bandleiterbreite beträgt der Widerstandsbelag des Bandleiters A12-40 bei Raumtemperatur $R'_{SL} \cdot b_{SL} = 37{,}4$ mΩ·cm/m und der des Bandleiters A4-40 $R'_{SL} \cdot b_{SL} = 31{,}9$ mΩ·cm/m. Die Werte der beiden Bandleiter weichen um 15 % voneinander ab. In Abb. 3.18 sind die Grenzwerte der Rückkühlung I_G bezogen auf die Bandleiterbreite der beiden Bandleiter gegenübergestellt. Betrachtet wird nur der Bereich für $T_{max} > 125$ K, weil die Werte des Bandleiters A4-40 unterhalb dieser Maximaltemperatur keine exakten Messwerte vorliegen. Im betrachteten Bereich ist der auf die Bandleiterbreite bezogene Grenzwert des 4 mm breiten Bandleiters A4-40 um ca. 40 % höher als der Grenzwert des 12 mm breiten Bandleiters A12-40.

Die erhöhte Stromtragfähigkeit bei geringerer Bandleiterbreite ist auf bessere Kühlbedingungen zurückzuführen. Insbesondere das Gas, das sich unterhalb des Bandleiters bildet, hat bei dem breiteren Bandleiter effektiv eine längere horizontale Weglänge zurückzulegen, bis es neben dem Bandleiter aufsteigen kann. Eine einsetzende Flüssigkeitsströmung wird hierdurch gehemmt. Zudem hat der Gasfilm unterhalb des 12 mm breiten Bandleiters ein größeres Volumen, das ebenfalls zu einer Reduktion der Wärmestromdichte führt.

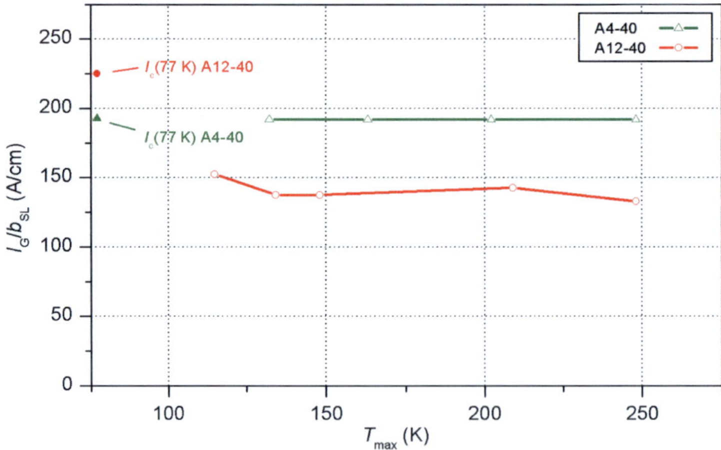

Abb. 3.18: Grenzwert der Rückkühlung I_G bezogen auf die Bandleiterbreite b_{SL} in Abhängigkeit von der Maximaltemperatur T_{max} der Bandleiter ähnlicher Stabilisierung und unterschiedlicher Breite.

Es ist festzuhalten, dass die Bandleiterbreite b_{SL} bei horizontaler Lage der Bandleiter den Grenzwert der Rückkühlung beeinflusst. Eine geringere Breite des Bandleiters führt zu einer erhöhten Kühlleistung, die eine erhöhte Stromtragfähigkeit bewirkt. Diese Ergebnisse sind nur auf ähnliche Anordnungen der Supraleiter zu übertragen.

3.3.4 Einfluss der Kupferkontakte

In den in Kapitel 3.2.3 dargestellten Messungen wurde beobachtet, dass der zeitliche Verlauf der Rückkühlung über der Länge des Bandleiters in Anhängigkeit der Strombelastung variiert. Dieser Effekt ist in Abb. 3.15 ersichtlich. Zu erwarten wäre, dass der Bandleiter unabhängig vom Ort gleichmäßig rückkühlt, wie es bei geringen Lastströmen auch der Fall ist. Die Ursache dieses Verhaltens ist auf den Einfluss der Kupferkontakte zurückzuführen. Im Folgenden wird ein Effekt beschrieben, der die lokale Veränderung des Rückkühlverhaltens ausgehend von den Kupferkontakten in Abhängigkeit des Laststroms erklärt.

Bei den folgenden Überlegungen wird vorausgesetzt, dass die Bandleiter während einer Strombegrenzung homogen auf die Maximaltemperatur T_{max} erwärmt werden. Die Temperatur-Änderungsgeschwindigkeit der Bandleiter in der Rückkühlphase kann in Abhängigkeit von der zugeführten elektrischen Leistung und des an den flüssigen Stickstoff abgegebenen Wärmestroms berechnet werden. Unter der Annahme einer homogenen Erwärmung findet zu Beginn der Rückkühlung keine Wärmeleitung in Längsrichtung des Bandleiters statt, da dieser über die gesamte Länge dieselbe Temperatur hat. So ergibt sich die in Erwärmung des Bandleiters eingebrachte Leistung aus der Differenz der Zu- und Abgeführten Leistung:

$$c_{\mathrm{p}}\left(T\right)\cdot\rho_{\mathrm{d}}\cdot b_{\mathrm{SL}}\cdot h_{\mathrm{SL}}\cdot\frac{dT}{dt}=R'_{\mathrm{SL}}\left(T\right)\cdot I_{\mathrm{L}}^{2}(t)-\dot{q}'_{\mathrm{w}}\left(\Delta T\right)\cdot 2b_{\mathrm{SL}}. \tag{3.2}$$

Hierbei ist $c_{\mathrm{p}}(T)$ die temperaturabhängige Wärmekapazität des Bandleiters, ρ_{d} dessen Dichte, b_{SL} die Bandleiterbreite, h_{SL} die Bandleiterhöhe, R'_{SL} der Widerstandsbelag des Bandleiters, I_{L} der Effektivwert des Laststroms und $\dot{q}'_{\mathrm{w}}$ die auf die Leiterlänge bezogene Wärmestromdichte, die an die Kühlflüssigkeit abgegeben wird.

Aus dieser Gleichung kann abgeleitet werden, dass die Rückkühlzeit mit zunehmendem Laststrom stark ansteigt, da dieser quadratisch in die Gleichung eingeht. Eine starke Zunahme der Rückkühlzeit bei höheren Lastströmen ist jedoch nur im mittleren Bereich des Bandleiters und nicht an dessen Randbereichen festzustellen.

Während einer Strombegrenzung, bei der sich der Bandleiter auf die Maximaltemperatur T_{max} erwärmt, nimmt die Temperatur der Kupferkontakte aufgrund deren großen Wärmekapazität kaum zu. Daher ist die Wärmeleitung in Längsrichtung an den Enden des Bandleiters nicht zu vernachlässigen. Als Folge der Temperaturdifferenz zwischen den nicht erwärmten Kupferkontakten und dem erwärmten Bandleiter ergibt sich über eine gewisse Länge ℓ vor den

41

Kupferkontakten ein Temperaturgefälle zwischen der Maximaltemperatur des Bandleiters T_{max} und den 77 K kalten Kupferkontakten. Somit befindet sich ein Teilbereich dieser Länge ℓ im Bereich des Maximums der statischen Siedekennlinie (zwischen $4\,\text{K} < \Delta T < 34\,\text{K}$, vgl. Abb. 2.11) und erfährt daher eine wesentlich stärkere Kühlung. Zudem findet auch über den Bereich des hohen Temperaturgradienten Wärmeleitung in Längsrichtung statt. Aufgrund der stärkeren Kühlung und der Wärmeleitung beginnt dieser Übergangsbereich zur Mitte des Bandleiters hin zu wandern, wodurch sich die kalte, supraleitende Zone von den Randbereichen her ausbreitet.

Dies erklärt den in Abb. 3.15 dargestellten Verlauf, in dem die Rückkühlzeiten in den Randbereichen geringer sind als in der Mitte des Bandleiters. Dieser Effekt des Wanderns des Bereichs der stärkeren Kühlung spielt bei geringen Lastströmen eine untergeordnete Rolle, weil die Rückkühlung schneller erfolgt als die Ausbreitung des stärker gekühlten Bereichs (die zugeführte Leistung ist sehr gering). Mit zunehmendem Laststrom nimmt der Einfluss des Effekts jedoch zu, bis im Extremfall (Gleichgewichtszustand zwischen zugeführter und abgeführter Leistung) die Rückkühlung nur noch aufgrund dieses Effekts erfolgt, wie in Abb. 3.14 deutlich zu sehen ist.

3.4 Schlussfolgerung und Zusammenfassung

Schlussfolgerung

Die in den vorstehenden Kapiteln beschriebenen Messwerte können beim Entwurf eines supraleitenden Strombegrenzers dazu verwendet werden, den Widerstandsbelag der verwendeten YBCO-Bandleiter zu berechnen, so dass der Strombegrenzer nach einer Strombegrenzung auch unter Laststrom rückkühlt.

Hierfür ist der Widerstandsbelag der Bandleiter so zu wählen, dass die elektrisch zugeführte Leistung geringer ist als der Wärmefluss in den flüssigen Stickstoff. Der Zusammenhang zwischen den Größen ist in Gl. (3.1) beschrieben. Diese Gleichung kann nach dem Widerstandsbelag der Bandleiter aufgelöst werden und ergibt sich zu:

$$R'_{SL,max}\left(T_{max}\right) = \frac{\dot{q}_w\left(T_{max}\right)\cdot 2 \cdot b_{SL}}{I^2\left(T_{max}\right)}\,. \tag{3.3}$$

Sie gilt für die Werte bei Maximaltemperatur T_{max}. Der maximal abgeführte Wärmefluss wird aus dem Produkt der zur Kühlung wirksamen Bandleiteroberfläche und dem maximalen spezifischen Wärmefluss $\dot{q}_w$ (Effektivwert) berechnet. Für den maximalen spezifischen Wärmefluss sind in Tab. 3.3 Messwerte für verschiedene Maximaltemperaturen angegeben. Die für die Kühlung wirksame Oberfläche ist dem gewählten Entwurfskonzept zu entnehmen. In die Gleichung geht nur die Bandleiterbreite b_{SL} ein, da sowohl der Widerstand, als auch die wirksame Oberfläche auf die Leiterlänge bezogen sind. Die zugeführte elektrische Leistung berechnet sich aus dem Quadrat des Transportstroms I (Effektivwert), unter dem der Bandleiter rückkühlen soll, und dem Widerstandsbelag der Bandleiter R'_{SL}, nach dem die Gleichung aufgelöst ist.

Bei einem Entwurf eines supraleitenden Strombegrenzers muss der Widerstandsbelag der Bandleiter unterhalb des mit Gl. (3.1) berechneten Wertes $R'_{SL,max}$ liegen, damit der Strombegrenzer auch unter dem vorgegebenen Laststrom rückkühlt.

Es ist zu erwähnen, dass für den konkreten Entwurf eines Strombegrenzers die so berechneten Werte durch Versuche verifiziert werden müssen, da der spezifische Wärmefluss sehr stark von der Anordnung der Bandleiter und den Kühlbedingungen beeinflusst wird und daher von den hier gemessenen Werten abweichen kann.

Zusammenfassung

In diesem Kapitel sind die Untersuchungen des Rückkühlverhaltens von YBCO-Bandleitern in supraleitenden Strombegrenzern dargestellt. Die Untersuchungen umfassen die Messung der Rückkühlzeit und des maximalen Transportstroms von kommerziell zu erwerbenden Bandleitern unterschiedlicher Breite und Stabilisierung bei unterschiedlichen Maximaltemperaturen nach einer Strombegrenzung. Hierbei wurde das Rückkühlverhalten auch ortsaufgelöst ermittelt. Die Ergebnisse sind:

- Ermittlung des Grenzwerts der Rückkühlung in Abhängigkeit der variierten Parameter (Maximaltemperatur, Stabilisierung und Bandleiterbreite). Die Ergebnisse dieser Untersuchungen wurden bereits in [BNG10] veröffentlicht.

- Erstmalige Beobachtung der Ausbreitung der supraleitenden Zone bei Belastungen im Grenzbereich des Rückkühlstroms. Als Ursache wurde die stärkere Kühlung im Übergangsbereich zur Normalleitung festgestellt, die von den Kupferkontakten ausgeht.

- Ein Berechnungsverfahren zur Dimensionierung von YBCO-Bandleitern in supraleitenden strombegrenzenden Transformatoren wurde eingeführt. Das Verfahren ermöglicht die Bestimmung des maximalen Widerstandsbelags der Bandleiter zur Realisierung der Rückkühlung nach einer Strombegrenzung unter Laststrom.

4 Entwurfsgang für supraleitende Transformatoren

In diesem Kapitel wird ein im Rahmen dieser Arbeit entwickelter Entwurfsgang für supraleitende Einphasen-Mantel-Transformatoren vorgestellt. Dieser beschreibt eine systematische Vorgehensweise für den Transformator-Entwurf und beinhaltet die Gleichungen zur Berechnung der wesentlichen Ausgabegrößen. Für folgende Aspekte wurden im Rahmen dieser Arbeit detaillierte Rechengänge entwickelt und in den Entwurfsgang integriert:

- Detaillierte **Berechnung der Wechselstromverluste** der Supraleiter in den Transformator-Wicklungen.

- Verfahren zur **Dimensionierung der Supraleiter für die Strombegrenzung und** die anschließende **Rückkühlung** unter Laststrom.

- **Optimierungsverfahren** zur Optimierung des Entwurfs nach verschiedenen Kriterien.

Der entwickelte Rechengang zur Bestimmung der **Wechselstromverluste** der Supraleiter wurde in einen Rechengang zur Berechnung der Gesamtverluste der Transformatoren integriert. Dieser umfasst neben den Wechselstromverlusten auch Verluste durch die Stromzuführungen, die Kryostatwände, den Eisenkern und den Wirkungsgrad der Kältemaschine.

Der entwickelte Rechengang zur Dimensionierung von YBCO-Bandleitern für die **Strombegrenzung** ermöglicht die Einhaltung von Vorgaben für die Strombegrenzung und Rückkühlung beim Transformator-Entwurf.

Das entwickelte **Optimierungsverfahren** ermöglicht die Auslegung des Transformators nach folgenden Kriterien:

- Volumen,

- Gewicht,

- Verlustleistung oder

- Materialkosten.

Durch das Optimierungsverfahren wird eine dieser Größen minimiert. Das Optimierungsverfahren ist ein iteratives Verfahren, in dem in jedem Iterationsschritt ein vollständiger konstruktiver Transformator-Entwurf durchgeführt wird. Die Optimierung erfolgt durch Berechnung der Windungsspannung für den nachfolgenden Iterationsschritt.

Der im Rahmen dieser Arbeit entwickelte Entwurfsgang dient als Grundlage für die weiteren Untersuchungen in dieser Arbeit. Er wurde bei dem Entwurf eines strombegrenzenden 60 kVA

Transformators (Labor-Demonstrator) und bei dem konzeptionellen Entwurf von supraleitenden Transformatoren für eine Fallstudie zur Energieeinsparung durch den Einsatz supraleitender Transformatoren angewendet.

Entwurfsgänge für konventionelle Transformatoren sind vereinzelt in der Literatur zu finden [Geo09], [Del01]. Diese beinhalten jedoch kein analytisches Berechnungsverfahren zur Optimierung. Eine Optimierung wird hier vor Allem durch geschickte Wahl der Parameter für jeden Iterationsschritt durchgeführt. Hersteller von Transformatoren haben hierfür eigens Programmabläufe entwickelt, die zahlreiche Erfahrungswerte beinhalten.

Im Folgenden werden zunächst die untersuchte Bauform und die verwendeten Bezeichnungen eingeführt. Im Anschluss werden dann die Verfahren zur Verlustberechnung und zur Dimensionierung der Bandleiter für die Strombegrenzung beschrieben und die Herleitung der Gleichungen für das Optimierungsverfahren aufgeführt. Im Anschluss wird der erstellte Entwurfsgang dargestellt.

4.1 Untersuchte Bauform und Bezeichnungen

Der Entwurfsgang wurde für supraleitende Einphasen-Mantel-Transformatoren erstellt. Dies ermöglicht die einfache Herleitung der Gleichungen für die Optimierung. Zudem kann das Vorgehen einfach auf den Entwurf von Dreiphasen-Transformatoren übertragen werden. Bei diesen prinzipiellen Überlegungen werden Anzapfungen für Stufenschalter der Transformatoren nicht berücksichtigt.

In Abb. 4.1 ist die untersuchte Bauform mit den zugehörigen Bemaßungen im Schnitt in der Vorderansicht und in der Draufsicht dargestellt. Auf den mittleren Kernschenkel sind über die Länge h_w zwei Wicklungen aufgewickelt. Die innere Wicklung hat w_{us} Windungen, die über $n_{Lage,us}$ Lagen auf Wickelzylinder gewickelt sind, und wird als Unterspannungswicklung (US-Wicklung) bezeichnet. Die äußere Wicklung hat w_{os} Windungen. Sie wird über $n_{Lage,us}$ Lagen auf Wickelzylinder gewickelt und als Oberspannungswicklung (OS-Wicklung) bezeichnet.

Mit dem Entwurfsgang können Transformatoren mit einem kalten oder warmen Eisenkern entworfen werden. Kalter Eisenkern bedeutet, dass sowohl der Eisenkern als auch die Supraleiter auf kryogene Temperaturen gekühlt und von einem Kryostaten umschlossen werden, während der Kryostat beim warmen Eisenkern nur die supraleitenden Wicklungen umschließt und somit nur diese tiefkalt sind. Möglich ist auch eine Ausführung als Hybrid-Transformator mit einer supraleitenden- und einer normalleitenden Wicklung. Prinzipiell ist es auch möglich, mit dem Entwurfsgang konventionelle Transformatoren zu entwerfen.

In den folgenden Berechnungen werden die inneren und äußeren Radien der Wicklungen $r_{os,i}$, $r_{os,a}$ und $r_{us,i}$, $r_{us,a}$ verwendet. Diese ergeben sich aus

$$r_{us,i} = \frac{d_{Fe}}{2} + a_i \text{ und } r_{us,a} = \frac{d_{Fe}}{2} + a_i + b_{us} \tag{4.1}$$

sowie aus

$$r_{os,i} = \frac{d_{Fe}}{2} + a_i + b_{us} + a_w \text{ und } r_{os,a} = \frac{d_{Fe}}{2} + a_i + b_{us} + a_w + b_{os}. \tag{4.2}$$

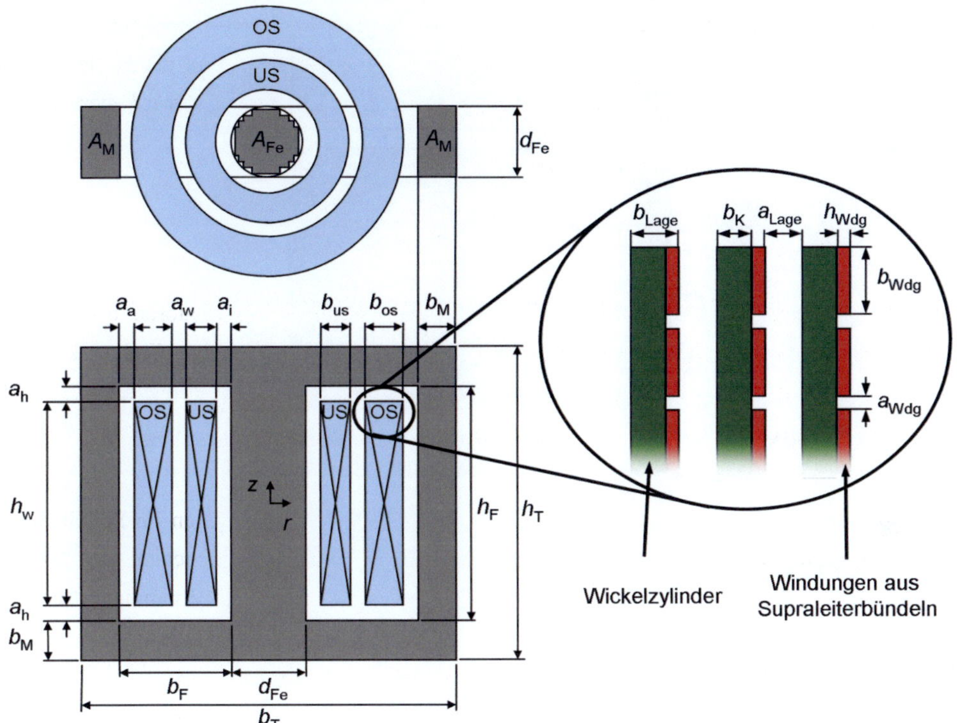

Abb. 4.1: Bauform und Bemaßung des Mantelkern-Transformators. Oben: Schnittbild der Draufsicht. Unten: Schnittbild der Vorderansicht. Rechts: Ausschnitt der Wicklung.

In Abb. 4.2 sind die Eisenquerschnittsfläche A_{Fe} und die Fensterfläche A_w rot markiert. Die mittlere Windungslänge ℓ_w und die effektive Eisenkreislänge ℓ_{Fe} sind als blaue Linie eingezeichnet. Die Querschnittsfläche der einzelnen Windungen der OS- und US-Wicklung $A_{L,os}$ und $A_{L,us}$ sind grün markiert. Diese Größen finden bei der Transformator-Optimierung Anwendung und werden hierfür aus elektrischen und geometrischen Parametern berechnet.

Die Querschnittsfläche A_M der beiden äußeren Mantelschenkel ist jeweils gleich der Hälfte der Querschnittsfläche A_{Fe} des mittleren Kernschenkels, so dass die magnetische Flussdichte im Eisenkern über die effektive Eisenkreislänge ℓ_{Fe} näherungsweise konstant ist. Entsprechend wird angenommen, dass sich der magnetische Hauptfluss Φ_H im mittleren Kernschenkel gleichermaßen auf beide Mantelschenkel aufteilt. In dieser Arbeit wird unterschieden zwischen der hier beschriebenen geometrischen Eisenquerschnittsfläche A_{Fe} (vgl. Abb. 4.1) und der magnetisch wirksamen magnetischen Eisenquerschnittsfläche $A_{Fe,eff}$. Beide Größen sind über den Füllfaktor φ_{Fe} miteinander verknüpft (siehe Gl. (4.49)).

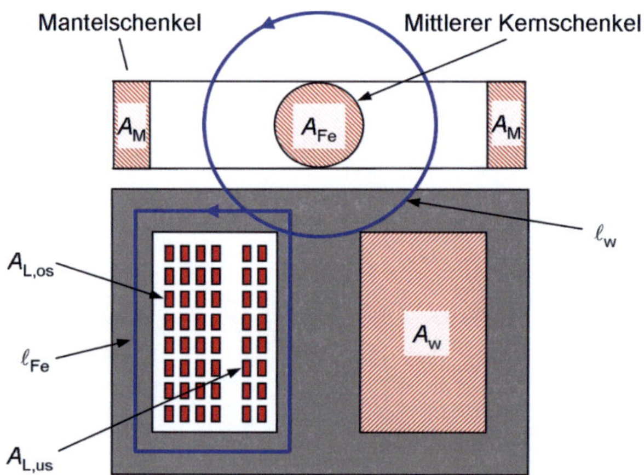

Abb. 4.2: Eisenquerschnittsfläche A_{Fe}, Fensterfläche A_w, mittlere Windungslänge ℓ_w, effektive Eisenkreislänge ℓ_{Fe} sowie Querschnittsflächen der Leiterbündel $A_{L,os}$ und $A_{L,us}$.

4.2 Verlustberechnung

Im Folgenden wird die Berechnung der einzelnen Komponenten der Verluste supraleitender Transformatoren beschrieben. In diesen tragen verschiedene Mechanismen zu den Verlusten des Gesamtsystems bei. Diese setzen sich zusammen aus den Eisenverlusten P_{Fe}, den Wechselstromverlusten der Supraleiter P_{AC}, den Verlusten in den Stromzuführungen P_{SZF}, dem Wärmeeintrag durch die Kryostatwände P_{KW} und dem Wirkungsgrad der Kältemaschine η_{KM}. Im Fall eines Transformators mit warmem Eisenkern ergibt sich die Gleichung zur Berechnung der Gesamtverluste zu

$$P_{v,T}(I) = P_{Fe} + \left(P_{AC}(I) + P_{SZF}(I) + P_{KW}\right) \cdot \frac{1}{\eta_{KM}}. \tag{4.3}$$

Bei einem Transformator mit kaltem Eisenkern fallen auch die Eisenkernverluste im Kalten an und müssen ebenfalls mit dem Kehrwert des Wirkungsgrads der Kältemaschine multipliziert werden. In dieser Gleichung ist die Abhängigkeit vom Belastungszustand der Wechselstromverluste und der Verluste in den Stromzuführungen durch die Abhängigkeit vom Laststrom I dargestellt. Hierdurch können die Verluste für verschiedene Belastungszustände des Transformators ermittelt werden. Im Folgenden werden die verwendeten Gleichungen zur Berechnung der einzelnen Verlustkomponenten aufgeführt und die Verlustmechanismen erklärt.

4.2.1 Eisenkernverluste

Die Eisenkernverluste setzen sich aus Wirbelstromverlusten und Hystereseverlusten zusammen. Hystereseverluste entstehen durch die Ummagnetisierung des ferromagnetischen Werkstoffs. Sie sind proportional zur Frequenz und abhängig von der maximalen Flussdichte [KMR08]. Die Wirbelstromverluste werden von dem sich ändernden magnetischen Feld im Eisenkern verursacht. Um sie gering zu halten, werden die Eisenkerne aus dünnen, lackisolierten Blechen gefertigt. Die Wirbelstromverluste wachsen bei niedrigen Frequenzen mit dem Quadrat der Frequenz und dem Quadrat der Blechdicke an [KMR08].

Zur Berechnung der Eisenkernverluste werden die gesamten Verluste in einer so genannten Eisenverlustziffer v_{Fe} zusammengefasst. Sie gibt die Verlustleistung bezogen auf das Gewicht an und wird für gängige Blechsorten in Abhängigkeit von der Blechdicke, dem Scheitelwert der Flussdichte $\hat{B}_H$ und der Frequenz f angegeben. Typische Werte liegen derzeit bei 0,85 bis 1,5 W/kg [Thy10]. Entsprechend werden die Eisenkernverluste im Entwurfsgang in Abhängigkeit von v_{Fe} und der Eisenkern-Masse m_{Fe} berechnet

$$P_{Fe} = v_{Fe} \cdot m_{Fe} \, . \tag{4.4}$$

Die Eisenverlustziffer kann für den Scheitelwert der Flussdichte $\hat{B}_H$ und die verwendete Blechsorte aus Metalldatenbanken entnommen werden. Hierbei ist zu beachten, dass die Eisenverlustziffer und die Permeabilitätszahl für die vorgegebene Betriebstemperatur bestimmt werden.

Herkömmliche Kernbleche bestehen hauptsächlich aus Eisen. Sie unterscheiden sich in ihrem Siliziumanteil, sowie im Herstellungsprozess durch Kaltwalzen und Nachglühen, wodurch die magnetischen Eigenschaften in Walzrichtung erhöht werden. Beispiele hierfür sind Dynamobleche (2 %Si) und Trafobleche (4 %Si) [IM07].

Aus der Nennspannung der OS-Wicklung und den Eisenverlusten ergibt sich der Widerstand des Eisenkerns R_{Fe} mit dem die Eisenverluste im elektrischen Ersatzschaltbild berücksichtigt werden.

$$R_{\mathrm{Fe}} = \frac{U_{\mathrm{os}}^2}{P_{\mathrm{Fe}}} \ . \tag{4.5}$$

4.2.2 Wärmeeintrag durch die Kryostatwände

Die Mechanismen, die zu einem Wärmeeintrag durch die Kryostatwände führen sind Wärmestrahlung, Wärmeleitung an mechanischen Abstützungen und Konvektion im Restgas des technischen Vakuums. Der spezifische Wärmeeintrag durch die Kryostatwände $\dot{q}_{\mathrm{KW}}$ ist das Verhältnis des Wärmeeintrags in den Kryostaten $\dot{Q}_{\mathrm{KW}}$ bezogen auf dessen Oberfläche A_{KW}. Er ist abhängig vom effektiven Wärmeleitkoeffizienten λ_{KW}, der Dicke der Kryostatwände d_{KW} und der Temperaturdifferenz ΔT zwischen der Umgebung und der Temperatur im Kalten.

$$\dot{q}_{\mathrm{KW}} = \frac{\dot{Q}_{\mathrm{KW}}}{A_{\mathrm{KW}}} = \frac{\lambda_{\mathrm{kW}}}{d_{\mathrm{KW}}} \cdot \Delta T \tag{4.6}$$

Typische Werte des effektiven Wärmeleitkoeffizienten λ_{KW} liegen zwischen 10^{-5} W/m·K für Superisolation im Vakuum und 10^{-2} W/m·K für Pulver und Faserstoffe unter Atmosphärendruck [FH81].

Für technische Anwendungen ist es möglich Kryostate zu realisieren, die bei einer Temperatur von 77 K im Kalten einen spezifischen Wärmeeintrag von $\dot{q}_{\mathrm{KW}} = 1\text{-}2$ W/m² aufweisen [Sis05]. Die Verluste durch Wärmeeintrag durch die Kryostatwände werden in dieser Arbeit vereinfacht aus dem Produkt des spezifischen Wärmeeintrags $\dot{q}_{\mathrm{KW}}$ der Kryostatwände und der Kryostatoberfläche A_{KW} nach

$$P_{\mathrm{KW}} = \dot{q}_{\mathrm{KW}} \cdot A_{\mathrm{KW}} \tag{4.7}$$

berechnet.

4.2.3 Wärmeeintrag durch die Stromzuführungen

Durch die Stromzuführungen wird Strom von Umgebungstemperatur durch die Kryostatwände hindurch zu den Transformator-Wicklungen im Kalten zugeführt. Die Stromzuführungen können zur elektrischen Isolation in eine Kondensatordurchführung eingebracht sein. Der Stromtransport erfolgt über einen metallischen Leiter, der typischer Weise hohe elektrische Leitfähigkeit, aber damit auch eine gute Wärmeleitfähigkeit aufweist. Hierdurch entstehen in Stromzuführungen Stromwärmeverluste aufgrund des ohmschen Widerstandes des Metalls. Außer dem wird durch den Temperaturgradienten zwischen dem warmen und dem kalten Ende über Wärmeleitung Energie in die kalte Umgebung eingebracht. Die gesamte Wärmeenergie, die durch beide Mechanismen in den Kryostaten eingebracht wird, muss für einen Betrieb mit konstanter

Temperatur permanent von einer Kältemaschine abgeführt werden. Zur Auslegung und Berechnung von Stromzuführungen sei hier auf weitere Literatur verwiesen [BFS75], [FAF09]. Der in den Kryostat eingebrachte Wärmefluss kann nach [Mer63] anhand folgender Gleichung berechnet werden.

$$P_{\mathrm{SZF}} = \frac{I_{\mathrm{SZF}}^2}{A_{\mathrm{SZF}}} \cdot \int_0^x \rho_{\mathrm{SZF}}(x) \cdot dx + A_{\mathrm{SZF}} \cdot \lambda_{\mathrm{SZF}}(T) \cdot \frac{dT}{dx} \tag{4.8}$$

Integriert man diese Gleichung über die Länge der Stromzuführung führt das zu

$$P_{\mathrm{SZF}} = \frac{1}{2} \cdot \rho_{\mathrm{SZF}} \cdot \frac{\ell_{\mathrm{SZF}}}{A_{\mathrm{SZF}}} \cdot I_{\mathrm{SZF}}^2 + \frac{A_{\mathrm{SZF}}}{\ell_{\mathrm{SZF}}} \cdot \lambda_{\mathrm{SZF}} \cdot \Delta T . \tag{4.9}$$

Durch den ersten Term werden die Stromwärmeverluste berücksichtigt und durch den zweiten Term der Wärmeeintrag durch Wärmeleitung. Es sind A_{SZF} die Querschnittsfläche und ℓ_{SZF} die Länge der Stromzuführung, I_{SZF} der Effektivwert des Stroms in der Stromzuführung, ρ_{SZF} der von der temperaturabhängige spezifische Widerstand des Werkstoffs, λ_{SZF} die temperaturabhängige Wärmeleitfähigkeit des Werkstoffs und x die Weglänge zwischen dem kalten Ende und dem Ort mit der Temperatur T. Die zugeführte Leistung nimmt für ein bestimmtes Verhältnis von $\ell_{\mathrm{SZF}}/A_{\mathrm{SZF}}$ ein Minimum an. Dieses kann nach [Mer63] oder [BFS75] berechnet werden.

Je nach Aufbau bei einer Stromzuführung zwischen einer Umgebungstemperatur von 300 K und einer Temperatur im Kalten von 77 K mit einem Wärmeeintrag in der Größenordnung von 40 W/kA für ungekühlte und mit 20 W/kA für gekühlte Stromzuführungen gerechnet werden [See98].

4.2.4 Wechselstromverluste der Supraleiter

In diesem Kapitel wird ein im Rahmen der vorliegenden Arbeit entwickeltes Verfahren zur Berechnung der Wechselstromverluste von YBCO-Bandleitern in Transformator-Wicklungen eingeführt.

Wie in Kapitel 2.1.3 beschrieben sind die Mechanismen, die zu Wechselstromverlusten in technischen Supraleitern führen zum Einen Wirbelstromverluste in den normalleitenden Schichten und zum Anderen so genannte Hystereseverluste durch das Wandern von Flussschläuchen in der supraleitenden Schicht. Beide Mechanismen werden durch sich ändernde magnetische Felder hervorgerufen. Diese magnetischen Felder können ihre Ursache in einem Transportstrom im Supraleiter oder in einem äußeren Magnetfeld, wie dem Streufeld in Transformatorwicklungen haben. Aufgrund der Geometrie von YBCO-Bandleitern und der Anisotropie der kritischen magnetischen Flussdichte des supraleitenden Werkstoffs ist der Betrag der Wechselstromverluste von YBCO-Bandleitern neben dem Betrag auch von der Richtung des magnetischen Feldes abhängig.

Der Betrag der verschiedenen Verlustmechanismen kann für ausgewählte Anordnungen durch FEM-Simulationen ermittelt werden. Eine Berechnung der Wechselstromverluste mittels einer FEM-Simulation ist jedoch aufgrund der sehr geringen Schichtdicken der Supraleiter im μm-Bereich nur für Anordnungen von wenigen YBCO-Bandleitern möglich. Eine Berechnung der Wechselstromverluste von YBCO-Bandleitern in Transformator-Wicklungen mit Abmessungen im Meter-Bereich kann somit nur für Teilbereiche der Wicklung durchgeführt werden. Aufgrund des hohen Aufwands ist dieses Verfahren für den Entwurf eines Transformators allenfalls im Endstadium des Entwurfs nutzbar.

Wie in Kapitel 2.1.3 beschrieben, gibt es jedoch auch analytische Gleichungen, die von physikalischen Zusammenhängen abgeleitet sind oder als Anpassungsfunktion durch Messungen ermittelt wurden, mittels denen die Wechselstromverluste für einfache Anordnungen berechnet werden können. Diese Gleichungen erlauben die Berechnung der Wechselstromverluste eines einzelnen Bandleiters für folgende Anordnungen:

- Einzelner Bandleiter im Magnetfeld senkrecht zur Bandleiterebene ohne Transportstrom

- Einzelner Bandleiter im Magnetfeld parallel zur Bandleiterebene ohne Transportstrom

- Einzelner Bandleiter mit Transportstrom ohne äußeres Magnetfeld

In Transformatorwicklungen sind YBCO-Bandleiter unter Umständen zu Bandleiter-Stapeln zusammen gefasst und gleichermaßen einem äußeren Magnetfeld und einem Transportstrom ausgesetzt. Zudem ist das Magnetfeld nicht ausschließlich parallel oder senkrecht zur Bandleiterebene, sondern weist nahezu in jeder Windung eine andere Richtung auf.

Im Rahmen dieser Arbeit wurde daher auf Grundlage der vorhandenen Gleichungen ein Berechnungsverfahren zur Approximation der Wechselstromverluste in Transformator-Wicklungen entwickelt. In diesem Berechnungsverfahren werden die durch Transportstrom (Eigenfeld) und durch das Streufeld (Fremdfeld) verursachten Wechselstromverluste unabhängig voneinander berechnet. Das bedeutet, dass die Fremdfeldverluste unter der Annahme berechnet werden, dass im Supraleiter kein Transportstrom fließt und die Eigenfeldverluste unter der Annahme berechnet werden, dass kein äußeres Fremdfeld vorhanden ist. Zur Berücksichtigung des gegenseitigen Einflusses wird in die Berechnungsgleichungen nicht der kritische Strom des Supraleiters im Eigenfeld, sondern der durch das magnetische Feld reduzierte Wert des kritischen Stroms eingesetzt. Dies kann als erste Näherung zur Bestimmung der Gesamtverluste angesehen werden. Diese Vorgehensweise ermöglicht eine Berechnung der Wechselstromverluste in

Transformatorwicklungen durch ein numerisches Verfahren, das beim Transformator-Entwurf schnell und einfach anzuwenden ist.

Zur Berechnung der Eigenfeldverluste wurde eine Anpassungsfunktion entwickelt, mit der der Einfluss des Stapelns mehrerer Bandleiter berücksichtigt wird.

Für die Berechnung der Fremdfeldverluste wird zunächst die magnetische Feldbelastung jeder einzelnen Windung im Transformator getrennt nach radialer- und axialer Feldkomponente mittels elliptischer Integrale berechnet. Anhand der Komponenten des Magnetfeldes werden die Anteile der durch parallele- und axiale Feldrichtung verursachten Verlustanteile der Bandleiter bestimmt. Bei paralleler Feldrichtung werden nur die Hystereseverluste der Supraleiter und bei senkrechter Feldrichtung neben den Hystereseverlusten auch die Wirbelstromverluste in den normalleitenden Schichten berücksichtigt. Der Einfluss des Stapelns der Bandleiter wird vernachlässigt, da hierfür keine Messwerte oder Berechnungsverfahren vorliegen.

Diese Vorgehensweise wird auf jede einzelne Wicklung des Transformators angewendet. Somit setzen sich die Wechselstromverluste des Transformators P_{AC} aus den Fremdfeldverlusten der OS- und der US-Wicklung $P_{Fremd,os}$ und $P_{Fremd,us}$ sowie den Eigenfeldverlusten OS- und der US-Wicklung $P_{Eigen,Stapel,os}$ und $P_{Eigen,Stapel,us}$ zusammen.

$$P_{AC} = P_{Fremd,os} + P_{Fremd,us} + P_{Eigen,Stapel,os} + P_{Eigen,Stapel,us} \qquad (4.10)$$

Die Fremdfeldverluste P_{Fremd} werden wie in Gl. (4.13) beschrieben berechnet. Die Berechnung der Eigenfeldverluste $P_{Eigen,Stapel}$ erfolgt wie in Gl. (4.12) beschrieben.

Im Folgenden werden zuerst die Berechnung der Eigenfeldverluste und im Weiteren die Berechnung der Fremdfeldverluste eingeführt. Im Anschluss wird das Verfahren zur Magnetfeldberechnung in den Transformatorwicklungen mittels elliptischer Integrale beschrieben.

Eigenfeldverluste

Die Eigenfeldverluste eines einzelnen Bandleiters können wie in Gl. (2.3) angegeben berechnet werden. In supraleitenden Transformatoren kann der Transportstrom, den die Wicklungen tragen müssen, den kritischen Strom eines einzelnen YBCO-Bandleiters überschreiten. In diesem Fall müssen mehrere Bandleiter parallel geschaltet werden, um den Strom in der Anwendung zu tragen. Die Anzahl parallel geschalteter Bandleiter wird in dieser Arbeit mit n_{Band} bezeichnet. Konstruktiv liegt es nahe, die parallel geschalteten Bandleiter zu stapeln, um sie als Leiterbündel zu verwickeln. Durch das Stapeln der Bandleiter ergibt sich aufgrund der gegenseitigen magnetischen Beeinflussung eine geänderte Stromverteilung in den Bandleitern, was sich auf die

Eigenfeldverluste jedes einzelnen Bandleiters auswirkt. Dieser Einfluss wird in Gl. (2.3) nicht berücksichtigt.

Als ersten Ansatz zur Berücksichtigung dieses Einflusses hat K.-H. Müller ein analytisches Verfahren zur Berechnung der Eigenfeldverluste eines Bandleiterstapels mit unendlich vielen Bandleitern entwickelt [Mül97]. Von F. Grilli wurden die Eigenfeldverluste eines Bandleiterstapels mit sechs, sieben und 25 parallel geschalteten Bandleitern mittels einer FEM-Simulation bestimmt [GA07b], [GA07a].

In der vorliegenden Arbeit wird zur Approximation der Beeinflussung durch das Stapeln der Bandleiter eine Anpassungsfunktion eingeführt. Diese ist eine Interpolation der Ergebnisse von Müller und Grilli durch eine Langevin-Funktion. Sie lautet

$$f_{\mathrm{S}}(n_{\mathrm{Band}}) = f_0 + c_{\mathrm{L}} \cdot \left(\coth(n_{\mathrm{Band}} - n_{\mathrm{c}}) - \frac{1}{n_{\mathrm{Band}} - n_{\mathrm{c}}} \right) \tag{4.11}$$

und wird im Folgenden als Stapelfaktor f_{S} bezeichnet. Der Stapelfaktor gibt an, um welchen Faktor sich die Verluste eines Stapels mit n_{Band} Bandleitern gegenüber den Verlusten eines einzelnen Bandleiters, der den n_{Band}-ten Teil des gesamten Transportstroms des Bandleiterstapels trägt, erhöhen. Somit können die Eigenfeldverluste eines Bandleiterstapels anhand folgender Gleichung berechnet werden:

$$P_{\mathrm{Eigen,Stapel}} = f_{\mathrm{S}}(n_{\mathrm{Band}}) \cdot P'_{\mathrm{Eigen}} \left(\frac{\hat{i}}{n_{\mathrm{Band}}} \right) \cdot \ell . \tag{4.12}$$

Hierin sind P'_{Eigen} die nach Gl. (2.3) berechneten Eigenfeldverluste eines einzelnen Bandleiters, $\hat{i}$ der Scheitelwert des Transportstromes des gesamten Leiterstapels, n_{Band} die Anzahl der parallel geschalteten Bandleiter und ℓ die Leiterlänge des Bandleiterstapels. Die Leiterlänge entspricht der Länge der Wicklung, für welche die Verluste berechnet werden. In Abb. 4.3 sind die Koeffizienten der Funktion angegeben und der Verlauf des Stapelfaktors f_{S} in Abhängigkeit der Anzahl parallel geschalteter Bandleiter n_{Band} dargestellt. Die ausgefüllten Symbole markieren die von F. Grilli berechneten Werte (Stützstellen der Anpassungsfunktion).

Die in Abb. 4.3 dargestellten Werte sind in Anhang A.4 tabellarisch aufgelistet. Der Verlauf der Anpassungsfunktion kann wie folgt interpretiert werden: Die gegenseitige Beeinflussung der parallelen Bandleiter ist bei einer geringen Anzahl verhältnismäßig groß. Mit zunehmender Anzahl wächst der Abstand der äußeren Bandleiter zueinander, wodurch die gegenseitige Beeinflussung der äußeren Bandleiter abnimmt. Der Einfluss des magnetischen Streufeldes des Transformators auf die Eigenfeldverluste wird berücksichtigt, indem bei in Gl. (2.3) nicht der Wert des kritischen Stroms im Eigenfeld, sondern der durch das Streufeld des Transformators reduzierte Wert des kritischen Stroms eingesetzt.

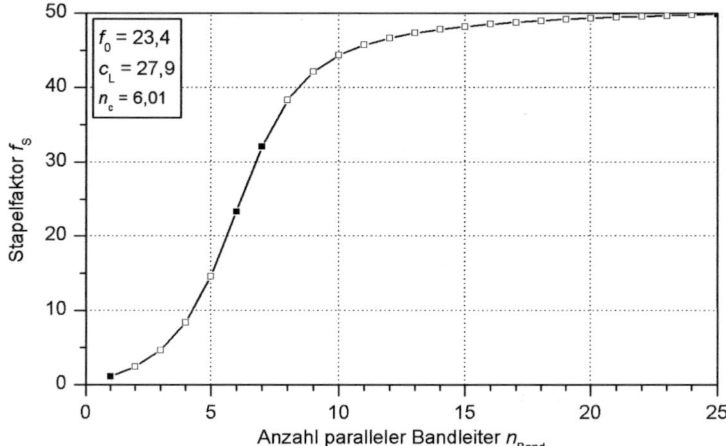

Abb. 4.3: Verlauf der Funktion des Stapelfaktors $f_S(n_{Band})$ in Abhängigkeit der Anzahl gestapelter Bandleiter n_{Band}. Ausgefüllte Symbole markieren die die von F. Grilli berechneten Werte (Stützstellen der Anpassungsfunktion) [GA07b], [GA07a].

Fremdfeldverluste

Bei der Berechnung der Fremdfeldverluste wird der Einfluss des Stapelns der Bandleiter vernachlässigt, da keine Messergebnisse oder analytischen Funktionen zur Berechnung dieses Einflusses vorliegen. Die in Kapitel 2.1.3 aufgeführten Verlustmechanismen, die zu den Fremdfeldverlusten von YBCO-Bandleitern beitragen (Hystereseverluste durch senkrechte Feldrichtung $P'_{H,s}$, Hystereseverluste durch parallele Feldrichtung $P'_{H,p}$ und Wirbelstromverluste durch senkrechte Feldrichtung $P'_{W,s}$) werden unabhängig voneinander berechnet.

Hierfür wird zunächst die radiale und die axiale Komponente der magnetischen Flussdichte $B_r(r_i,z_i)$ und $B_z(r_i,z_i)$ für den Ort jeder einzelnen Windung i entsprechend dem Belastungszustand des Transformators berechnet. Diese Berechnung kann anhand der Gleichungen (4.15) und (4.16) erfolgen. Anhand dieser Werte werden die Komponenten der spezifischen Fremdfeldverluste für jede einzelne Windung bestimmt. Diese werden mit der Länge der entsprechenden Windung ℓ_i und der Anzahl der in der Wicklung parallel geschalteten Bandleiter n_{Band} multipliziert. Zur Berechnung der Gesamtverluste einer Wicklung werden die Verluste aller Windungen addiert. Für die OS-Wicklung ergibt sich die Berechnungsgleichung zu

$$P_{Fremd,os} = n_{Band,os} \cdot \sum_{i=1}^{w_{os}} \left(P'_{H,p}\left(B_z(r_i,z_i)\right) + P'_{H,s}\left(B_r(r_i,z_i)\right) + P'_{W,s}\left(B_r(r_i,z_i)\right) \right) \cdot \ell_i . \quad (4.13)$$

Hierbei sind $P'_{H,p}$ die von der Feldkomponente parallel zur Bandleiterebene B_p abhängigen Hystereseverluste aus Gl. (2.8), $P'_{H,s}$ die von der senkrechten Feldkomponente B_s abhängigen Hystereseverluste aus Gl. (2.4) und $P'_{W,s}$ die ebenso von der senkrechten Feldkomponente abhängigen Wirbelstromverluste in den normalleitenden Schichten aus Gl. (2.7). In Gl. (4.13) sind die Feldrichtungen bereits mit dem Bezugssystem der Transformator-Wicklungen bezeichnet (vgl. Abb. 2.5 und Abb. 4.1). In den Transformator-Wicklungen entspricht die Feldrichtung parallel zur Bandleiterebene B_p der axialen Feldrichtung B_z und die Feldrichtung senkrecht zur Bandleiterebene B_s der radialen Feldrichtung B_r. Zur Berücksichtigung des Einflusses des Transportstroms auf die Fremdfeldverluste wird in die Gleichungen (2.6) und (2.9) nicht der Wert des kritischen Stroms im Eigenfeld, sondern der durch das Streufeld des Transformators reduzierte Wert des kritischen Stroms eingesetzt.

Berechnung der magnetischen Feldstärke im Wicklungsraum

Für die Berechnung der Wechselstromverluste der Supraleiter ist die Kenntnis von Betrag und Richtung des magnetischen Streufelds am Ort jeder einzelnen Windung notwendig. Zur Implementierung des Entwurfsgangs in einem Computeralgebrasystem muss die Berechnung des Streufelds durch analytische Gleichungen erfolgen. Hierfür wurde eine Berechnungsmethode durch Lösung elliptischer Integrale gewählt. In [Pre83] ist ein derartiges Verfahren zur Berechnung der magnetischen Feldverteilung in Zylinderspulen beschrieben. Dieses Verfahren wurde im Rahmen der vorliegenden Arbeit auf die Berechnung der Feldverteilung in Transformator-Wicklungen übertragen. Die Übertragung wurde durch Überlagerung der unabhängig berechneten Feldanteile der OS- und US-Wicklung realisiert. Im Folgenden werden die Berechnungsgleichungen zur komponentenweisen Berechnung der axialen und radialen Feldkomponente des Streufelds im Wicklungsraum aufgeführt.

Aufgrund der symmetrischen Feldverteilung im oberen und unteren Teil der Wicklungen wird die Berechnung nur für positive z-Werte durchgeführt. Die negativen z-Werte ergeben sich entsprechend dem in Abb. 4.4 dargestellten Bezugssystem aus der Symmetrie zur r-Achse.

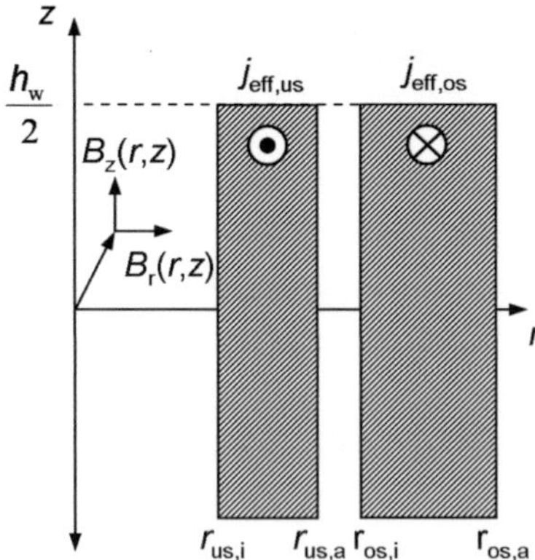

Abb. 4.4:   Bezugssystem zur Berechnung der magnetischen Flussdichte im Wicklungsraum. Die z-Achse ist die Symmetrieachse der Wicklung. Abgebildet ist nur die rechte Hälfte der Wicklung im Schnitt.

Bei der Berechnung wird vereinfacht, wie in Abb. 4.4 dargestellt, mit einer effektiven Stromdichte im Wicklungsraum gerechnet. Diese ergibt sich aus den, auf die gesamte Wicklungsquerschnittsfläche bezogenen, Stromwindungen

$$j_{\text{eff,os}} = \frac{w_{\text{os}} \cdot \sqrt{2} \cdot I_{\text{os}}}{b_{\text{os}} \cdot h_{\text{w,os}}}.$$
(4.14)

Die Gleichung ergibt sich entsprechend für die US-Wicklung. Es sind w_{os} die Windungszahl, I_{os} der Effektivwert des Nennstroms, b_{os} die Breite und $h_{\text{w,os}}$ die Höhe der OS-Wicklung. Durch den Faktor Wurzel(2) wird der Scheitelwert der magnetischen Flussdichte berechnet.

Die Feldstärke wird aus der Überlagerung der Anteile der OS- und der US-Wicklung berechnet. Die radiale Feldkomponente B_r an einem beliebigen Ort mit den Koordinaten r und z setzt sich aus einem Beitrag der OS-Wicklung und einem Beitrag der US-Wicklung zusammen.

$$B_r(r,z) = B_{r,\text{os}}(r,z) + B_{r,\text{us}}(r,z)$$
(4.15)

Im Folgenden wird exemplarisch die Berechnung des von der OS-Wicklung verursachten Anteils der radialen Komponente der magnetischen Flussdichte $B_{r,\text{os}}(r,z)$ beschrieben. Die Berechnung der von der US-Wicklung verursachten Anteils $B_{r,\text{us}}(r,z)$ wird entsprechend durch einsetzen der Kennwerte der US-Wicklung berechnet. Es ist

$$B_{r,\text{os}}(r,z) = \mu_0 \cdot j_{\text{eff,os}} \cdot r_{\text{os,i}} \cdot b_{r,\text{os}}(r,z).$$
(4.16)

Hierbei sind $j_{\text{eff,os}}$ die effektive Stromdichte der Wicklung und $r_{\text{os,i}}$ der Radius der Innenkante der OS-Wicklung aus Gl. (4.2). Die Funktion $b_{r,\text{os}}(r,z)$ beinhaltet die elliptischen Integrale zur Berechnung des Feldverlaufs.

$$b_{r,\text{os}}(r,z) = \frac{r_{\text{os,a}}}{r_{\text{os,i}}} \cdot \left(f\left(\frac{r}{r_{\text{os,a}}}, \frac{h_{\text{w}}-2z}{2r_{\text{os,a}}} \right) - f\left(\frac{r}{r_{\text{os,a}}}, \frac{h_{\text{w}}+2z}{2r_{\text{os,a}}} \right) \right) - \left(f\left(\frac{r}{r_{\text{os,i}}}, \frac{h_{\text{w}}-2z}{2r_{\text{os,i}}} \right) - f\left(\frac{r}{r_{\text{os,i}}}, \frac{h_{\text{w}}+2z}{2r_{\text{os,i}}} \right) \right)$$
(4.17)

In diesem Ausdruck ist die folgende Funktion enthalten:

$$f(\chi,\rho,\varsigma) = -\frac{1}{2} \int_0^1 \frac{\chi}{\sqrt{(\chi+\rho)^2 + \varsigma^2}} \cdot \frac{2}{\pi} \cdot cel(k_\text{c}(\chi,\rho,\varsigma)) d\chi$$
(4.18)

mit

$$cel(k_\text{c}(\chi,\rho,\varsigma)) = \int_0^{\frac{\pi}{2}} \frac{cos^2(\psi) - sin^2(\psi)}{cos^2(\psi) + sin^2(\psi)} \cdot \frac{1}{\sqrt{cos^2(\psi) + (k_\text{c}(\chi,\rho,\varsigma))^2 \cdot sin^2(\psi)}} d\psi$$
(4.19)

und

$$k_c(\chi,\rho,\zeta) = \sqrt{\frac{(\chi-\rho)^2+\zeta^2}{(\chi+\rho)^2+\zeta^2}} \, . \tag{4.20}$$

Die axiale Komponente der magnetischen Flussdichte ist in derselben Weise zu berechnen:

$$B_z(r,z) = B_{z,os}(r,z) + B_{z,us}(r,z) \, . \tag{4.21}$$

Der von der OS-Wicklung verursachte Anteil der axialen Feldkomponente der magnetischen Flussdichte berechnet sich nach

$$B_{z,os}(r,z) = \mu_0 \cdot j_{eff,os} \cdot r_{os,i} \cdot b_{z,os}(r,z) \, . \tag{4.22}$$

Hierbei sind $j_{eff,os}$ die effektive Stromdichte der Wicklung und $r_{os,i}$ der Radius der Innenkante der OS-Wicklung aus Gl. (4.2). Die Funktion $b_{z,os}(r,z)$ beinhaltet die elliptischen Integrale zur Berechnung des Feldverlaufs.

$$b_{z,os}(r,z) = -\frac{r_{os,a}}{r_{os,i}} \cdot \left[g\left(\frac{r}{r_{os,a}},\frac{h_w-2z}{2r_{os,a}}\right) + g\left(\frac{r}{r_{os,a}},\frac{h_w+2z}{2r_{os,a}}\right) \right] + \left[g\left(\frac{r}{r_{os,i}},\frac{h_w-2z}{2r_{os,i}}\right) + g\left(\frac{r}{r_{os,i}},\frac{h_w+2z}{2r_{os,i}}\right) \right] +$$

$$\begin{cases} \dfrac{r_{os,a}}{r_{os,i}}-1, & \dfrac{r}{r_{os,i}}<1 \\[2ex] \dfrac{r_{os,a}}{r_{os,i}}-\dfrac{r}{r_{os,i}}, & 1\le \dfrac{r}{r_{os,i}} \le \dfrac{r_{os,a}}{r_{os,i}} \\[2ex] 0, & \dfrac{r}{r_{os,i}} > \dfrac{r_{os,a}}{r_{os,i}} \, . \end{cases} \cdot \tag{4.23}$$

Hierbei ist die folgende Funktion enthalten, die sich mit den in Gl. (4.19) und (4.20) angegebenen Funktionen nach

$$g(\chi,\rho,\zeta) = -\frac{1}{2}\int_0^1 \frac{\zeta}{\chi+\rho} \frac{\chi}{\sqrt{(\chi+\rho)^2+\zeta^2}} \cdot \frac{2}{\pi} \cdot cel\left[k_c,\left(\frac{\chi-\rho}{\chi+\rho}\right)^2,1,\frac{\chi-\rho}{\varphi+\rho}\right]d\chi + \begin{cases} \dfrac{(1-\rho)}{2},\rho<1 \\[2ex] 0,\rho>1 \end{cases} \tag{4.24}$$

berechnet. Die Berechnung der von der US-Wicklung verursachten radialen Flussdichtekomponente $B_{z,us}(r,z)$ ist entsprechend zu berechnen.

4.2.5 Wirkungsgrad der Kältemaschine

Der gesamte Wärmeeintrag in den Kryostaten muss von einer Kältemaschine als thermische Kühlleistung aufgebracht werden. Da die Erzeugung der Kühlleistung durch einen thermodynamischen Prozess erfolgt, ist der theoretisch maximal erreichbare Wirkungsgrad der Kältemaschine der Carnot-Wirkungsgrad η_C. Bei einer Umgebungstemperatur $T_H = 300$ K und einer Kühltemperatur von $T_K = 77$ K beträgt dieser

$$\eta_{\mathrm{C}} = \frac{T_{\mathrm{K}}}{T_{\mathrm{H}} - T_{\mathrm{K}}} = \frac{77K}{300K - 77K} = 0,345 \,. \tag{4.25}$$

Dieser theoretische Wert kann aufgrund der Verluste im Kompressor und in den Wärmetauschern nicht erreicht werden. Der Wirkungsgrad realer Kältemaschinen liegt bei 10 % bis 30 % des theoretischen Carnot-Wirkungsgrads. In Abb. 4.5 ist der effektive Wirkungsgrad verschiedener Kältemaschinen, bezogen auf den Carnot-Wirkungsgrad, über der Kühlleistung der Maschinen dargestellt. Es ist deutlich ersichtlich, dass der Wirkungsgrad mit zunehmender Bauleistung steigt.

Zur Bestimmung der Gesamtverluste supraleitender Betriebsmittel muss die von der Kältemaschine aufzubringende thermische Leistung mit dem Kehrwert des Wirkungsgrads der Kältemaschine η_{KM} multipliziert werden um deren elektrische Anschlussleistung zu ermitteln.

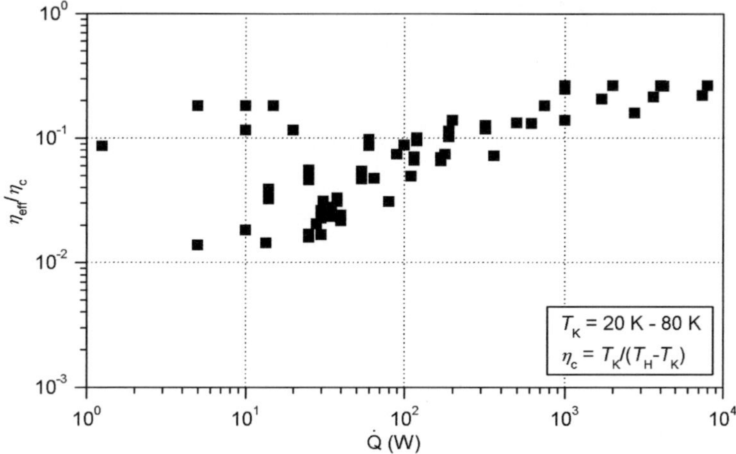

Abb. 4.5: Wirkungsgrad von Kältemaschinen η_{eff} bezogen auf Carnot-Wirkungsgrad η_{c} in Abhängigkeit der Kühlleistung $\dot{Q}$. Kühltemperatur zwischen T_{K} = 20 K und 80 K (Stand 2008). [Noe08]

4.3 Strombegrenzung

In diesem Kapitel werden wichtige Vorgabewerte für das strombegrenzende Verhalten supraleitender Transformatoren eingeführt und deren Berechnung hergeleitet. Weiterhin wird die hierfür notwendige Vorgehensweise zur Dimensionierung der YBCO-Bandleiter in den Transformator-Wicklungen beschrieben.

Die Vorgehensweise und die Berechnungsverfahren für die Dimensionierung der YBCO-Bandleiter zur Strombegrenzung sind der Literatur entnommen. Grundlage hierfür war der in [Sch09a] vorgestellte Entwurfsgang für supraleitende Strombegrenzer mit YBCO-Bandleitern.

Dieser beinhaltet die wesentlichen Vorgaben sowie die relevanten Gleichungen für den Entwurf supraleitender Strombegrenzer mit YBCO-Bandleitern. Diese wurden im Rahmen der vorliegenden Arbeit auf den Entwurf supraleitender strombegrenzender Transformatoren übertragen und ergänzt. Die Ergänzung beinhaltet Vorgaben und Gleichungen zur Dimensionierung der Bandleiter um eine Rückkühlung nach einer Strombegrenzung unter vorgegebenem Laststrom zu erzielen. Die Gleichungen zur Berechnung des Rückkühlverhaltens basieren auf den in Kapitel 3 dargestellten Ergebnissen.

Im Rahmen dieser Arbeit wird nur ein generatorferner Kurzschlussfall betrachtet. Das bedeutet, die Effektivwerte des Kurzschlusswechselstroms sind bereits unmittelbar nach Kurzschlussbeginn zeitunabhängig. Zur weiteren Vereinfachung wird nur ein einphasiges System betrachtet.

4.3.1 Bedingungen für die Bemessung zur Strombegrenzung

Für die Berechnungen zum strombegrenzenden Verhalten von Transformatoren wird das in Abb. 4.6 dargestellte einphasige elektrische Ersatzschaltbild des Kurzschlusszweiges zugrunde gelegt. In diesem Ersatzschaltbild wird das einspeisende Energieversorgungsnetz als Spannungsquelle U_0 mit Netzinnenwiderstand Z_i nachgebildet. Es wird angenommen, dass der Innenwiderstand des Netzes so groß ist, dass ein Kurzschluss als generatorfern betrachtet werden kann. Somit kann vereinfachend davon ausgegangen werden, dass die Effektivwerte des unbegrenzten Kurzschlusswechselstroms praktisch zeitunabhängig ist. Der supraleitende Transformator wird durch die Streureaktanz X_σ und die strom- und temperaturabhängigen Wicklungswiderstände R_{SL} berücksichtigt. In dieser Arbeit werden die Widerstände beider Wicklungen zur Vereinfachung zu jeweils einem Gesamtwiderstand zusammengefasst.

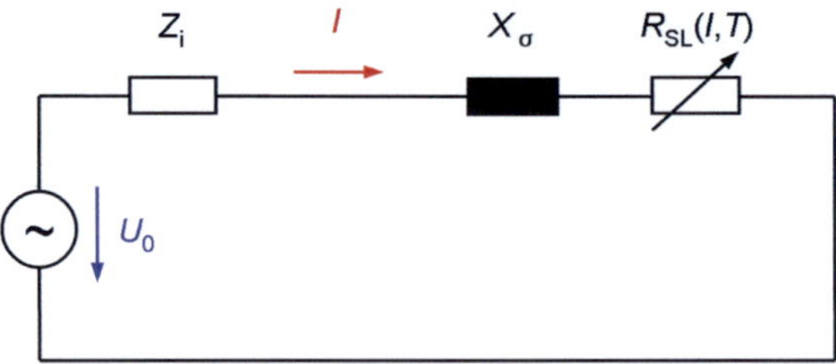

Abb. 4.6: Elektrisches Ersatzschaltbild zur Berechnung des strombegrenzenden Verhaltens von supraleitenden Transformatoren.

Im Transformator-Entwurfgangs werden im ersten Arbeitsschritt alle Vorgabewerte und Randbedingungen zusammengefasst. In Tab. 4.1 ist daraus eine Auswahl der für die Bemessung der Strombegrenzung und Rückkühlung relevanten Werte aufgeführt.

Tab. 4.1: Vorgabewerte und Randbedingungen für die Strombegrenzung und Rückkühlung

Begrenzter prospektiver Kurzschlussstrom	$i_{p,lim}$	Relative Kurzschlussspannung	u_k
Minimaler begrenzter Kurzschlussstrom	$i_{lim,min}$	Bemessungs-Ausschaltzeit	t_b
Minimale Ausgangsspannung	$U_{us,min}$	Maximaler Rückkühlstrom	I_{rec}
Netzinnenwiderstand	Z_i		

Aus der relativen Kurzschlussspannung u_k kann nach Gl. (4.76) die in Abb. 4.6 aufgeführte Streureaktanz X_σ des Transformators berechnet werden. Die weiteren Größen werden in Kapitel 2.2 definiert.

Im Folgenden werden zuerst die Gleichungen hergeleitet, anhand derer der Widerstand der Bandleiter aus den Vorgaben und Randbedingungen beim Entwurf berechnet wird. Hiervon ausgehend wird im Anschluss eine Vorgehensweise zur Dimensionierung der Bandleiter eingeführt. Hauptziel der Strombegrenzung ist die Reduktion des prospektiven Stroms i_p auf den begrenzt prospektiven Strom $i_{p,lim}$. Um dies zu erreichen muss der Widerstand der Bandleiter im Scheitelwert der ersten Halbwelle einen minimalen Widerstand aufweisen. Dieser kann auf Grundlage des in Abb. 4.6 abgebildeten Schaltbilds berechnet werden:

$$R_{SL,min} = \frac{\sqrt{2} \cdot U_0}{i_{p,lim}} - Z_i - X_\sigma.$$ (4.26)

Da dieser Wert zu Beginn der Strombegrenzung erreicht werden muss, kann für die Dimensionierung der Bandleiter in erster Näherung angenommen werden, dass sich diese noch auf der Temperatur des Kühlmediums (LN_2) befinden. Bei der Dimensionierung der Bandleiter muss daher folgende Bedingung erfüllt werden:

(1) $R_{SL}(77\ \text{K}) > R_{SL,min.}$

Im weiteren Verlauf der Strombegrenzung steigt die Temperatur der Bandleiter aufgrund der Widerstandsverluste stetig an, bis beim Abschalten des Kurzschlusses, nach der Bemessungs-Abschaltzeit t_b, die maximal zulässige Temperatur der Wicklung $T_{W,max}$ erreicht wird. Diese Temperatur ist vor den weiteren Berechnungen festzulegen, um die thermische Belastbarkeit der Bandleiter (siehe [SKN08]) oder des mechanischen Stützmaterials der Wicklungen nicht zu überschreiten. Einschränkungen können hier Vorgaben für die maximale Dauer der Rückkühlung resultieren. Daher muss bei der Dimensionierung der Bandleiter folgende Bedingung erfüllt werden:

(2) $T_{max}(t_b) < T_{W,max.}$

Aufgrund der Zunahme der Temperatur und des Widerstands der Bandleiter sinkt der Kurzschlussstrom während der Strombegrenzung stetig ab. Um ein sicheres Abschalten des Kurzschlusses zu gewährleisten, darf dabei der Auslösestrom der Überstromschutzvorrichtung $i_{lim,min}$ nicht unterschritten werden. Ausgehend von diesem Wert, und dem elektrischen

Ersatzschaltbild des Kurzschlusszweiges in Abb. 4.6, kann der maximale Bandleiterwiderstand berechnet werden. Es ist

$$R_{\text{SL,max}} = \frac{\sqrt{2} \cdot U_0}{i_{\text{lim,min}}} - Z_{\text{i}} - X_{\sigma} \, . \tag{4.27}$$

Da dieser Widerstandswert beim Abschalten des Kurzschlussstroms erreicht wird, sind die Materialkennwerte bei der maximal zulässigen Temperatur $T_{\text{W,max}}$ einzusetzen.

4.3.2 Bedingungen für die Bemessung zur Rückkühlung

Für den maximalen Widerstand der Bandleiter gibt es noch eine weitere Einschränkung. Während der Rückkühlung unter Laststrom darf die minimale Ausgangsspannung des Transformators $U'_{\text{us,min}}$ nicht unterschritten werden, damit ein evtl. vorhandener Unterspannungsschutz nicht auslöst. Abb. 4.7 zeigt das elektrische Ersatzschaltbild bei der Rückkühlung des Transformators. Während der Rückkühlung fließt der maximale Rückkühlstrom I_{rec}.

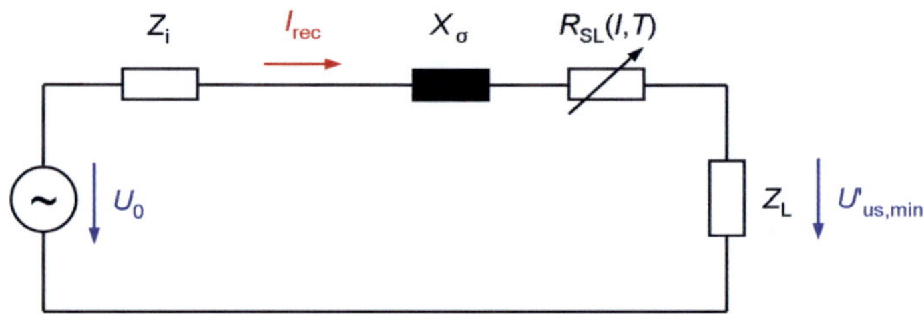

Abb. 4.7: Elektrisches Ersatzschaltbild zur Berechnung des Rückkühlverhaltens von supraleitenden Transformatoren.

Aus dem elektrischen Ersatzschaltbild, dem Rückkühlstrom und der minimalen Ausgangsspannung $U'_{\text{us,min}}$, kann somit folgende Gleichung aufgestellt werden:

$$R_{\text{SL,max}} = \frac{U_0 - U'_{\text{us,min}}}{I_{\text{rec}}} - Z_{\text{i}} - X_{\sigma} \, . \tag{4.28}$$

Da die Rückkühlung bei der Maximaltemperatur der Wicklung beginnt müssen die Materialkennwerte bei einer Temperatur von $T_{\text{W,max}}$ eingesetzt werden. Für eine Dimensionierung der Bandleiter für die Strombegrenzung und Rückkühlung ist somit aus Gl. (4.27) und (4.28) der geringere Wert des maximalen Widerstands $R_{\text{SL,max}}$ zu wählen. Bei der Dimensionierung der Bandleiter ist somit sicher zu stellen, dass folgende Bedingung erfüllt ist:

(3) $R_{\text{SL}}(T_{\text{W,max}}) < R_{\text{SL,max}}$

Damit die Wicklungen nach einer Strombegrenzung von der zulässigen Maximaltemperatur $T_{\text{W,max}}$ auf die Temperatur des flüssigen Stickstoffs ($T = 77$ K) auch unter Laststrom rückkühlen, muss die elektrisch zugeführte Leistung geringer sein als der thermisch abgeführte Wärmefluss. Dies wird durch geeignete Wahl des Widerstandsbelags der Bandleiter realisiert. Auf Grundlage der in Kapitel 3 aufgeführten Ergebnisse wurde hierzu Gl. (3.3) eingeführt. In diese Gleichung müssen die zulässige Maximaltemperatur der Wicklungen $T_{W,max}$, der Effektivwert des abgeführten spezifischen Wärmeflusses $\dot{q}_w$ und der Effektivwert des Laststroms I_{rec}, unter dem die Bandleiter rückkühlen sollen, eingesetzt werden.

$$R'_{SL,max}\left(T_{W,max}\right) = \frac{\dot{q}_w\left(T_{W,max}\right)\cdot 2\cdot b_{SL}}{I_{rec}^2\left(T_{W,max}\right)} \tag{4.29}$$

Damit der Transformator bis zum Laststrom I_{rec} rückkühlt, muss der Widerstandsbelag der Wicklung R'_{SL} unterhalb des berechneten Wertes $R'_{SL,max}$ liegen. Dies führt zu einer vierten Bedingung für die Dimensionierung der Bandleiter in den Transformator-Wicklungen:

(4) $R'_{SL}\left(T_{W,max}\right) < R'_{SL,max}(T_{W,max})$

4.3.3 Dimensionierung der Bandleiter

Bei der Dimensionierung der Bandleiter in den Wicklungen ist sicher zu stellen, dass die vier, in den beiden vorangehenden Kapiteln aufgeführten, Bedingungen zu eingehalten werden. Da das Verhalten der Bandleiter bei der Strombegrenzung und Rückkühlung maßgeblich von den Materialeigenschaften im normalleitenden Zustand bestimmt wird, stehen bei der Dimensionierung der Bandleiter im Wesentlichen zwei Parameter zur Verfügung. Dies ist einerseits die Bandleiterlänge ℓ und andererseits die Schichtdicke der Stabilisierung.

Die Bandleiterlänge wird beim Transformator-Entwurf von der Geometrie der Wicklungen vorgegeben. Die Schichtdicke der Stabilisierung ist nahezu frei wählbar, weil diese beim Herstellungsprozess von YBCO-Bandleitern nahezu beliebig aufgebracht werden kann. Somit ist die Schichtdicke der Stabilisierung der Hauptparameter für die Dimensionierung der Bandleiter für die Strombegrenzung.

Diese wird beim Entwurf geeignet gewählt, anschließend ist zu prüfen ob alle vier, der im letzten Kapitel eingeführten Bedingungen, mit der gewählten Schichtdicke eingehalten werden. Ist dies nicht der Fall, so ist die Schichtdicke entsprechend so anzupassen, dass alle Bedingungen eingehalten werden. Hierfür sind die erzielten Widerstandswerte und die Maximaltemperatur, wie im Folgenden beschrieben, zu berechnen.

Für die Bedingungen **(1)** und **(3)** muss der Bandleiterwiderstand bei $T = 77\ \mathrm{K}$ und $T = T_{W,max}$ berechnet werden. Dies kann anhand folgender Gleichung erfolgen:

$$R_{SL}(T) = \frac{\ell}{b_{SL} \cdot \left(\dfrac{h_{Ag}}{\rho_{Ag}(T)} + \dfrac{h_{Cu}}{\rho_{Cu}(T)} + \dfrac{h_{YBCO}}{\rho_{YBCO}(T)} + \dfrac{h_{Hs}}{\rho_{Hs}(T)} \right)} \quad \text{(siehe Gl. (2.1))} \tag{4.30}$$

Hierin sind ℓ die Länge und b_{SL} die Breite der Bandleiter, h_{Ag}, h_{Cu}, h_{YBCO} und h_{Hs} die Schichtdicken und ρ_{Hs}, ρ_{YBCO}, ρ_{Ag} und ρ_{Cu} die spezifischen Widerstände der verwendeten Werkstoffe.

Um zu prüfen, ob die Bedingung **(2)** eingehalten wird, muss die Maximaltemperatur der Bandleiter T_{max} am Ende der Strombegrenzung nach der Bemessungs-Ausschaltzeit t_b berechnet werden. Dies kann anhand folgender Gleichung erfolgen:

$$T_{max} = 77\,\text{K} + \int_0^{t_b} \frac{U_{0,os}^2}{c_p(T(t))} \cdot \frac{R_{SL}(T(t))}{\left(R_{SL}(T(t)) + Z_i + X_\sigma \right)^2} \, dt \quad \text{(vgl. (2.14))} \tag{4.31}$$

Hierin sind $U_{0,os}$ die Leerlaufspannung der Quelle, c_p die Wärmekapazität des Bandleiters, $T(t)$ der zeitliche Verlauf der Temperatur, R_{SL} der Bandleiterwiderstand, Z_i der Innenwiderstand der Quelle und X_σ die Streuinduktivität des Transformators. Die Lösung dieses Integrals muss aufgrund der nichtlinearen, temperaturabhängigen Materialeigenschaften numerisch erfolgen.

Zur Prüfung von Bedingung **(4)** ist der Widerstandsbelag bei der Maximaltemperatur der Wicklung $T_{W,max}$ anhand folgender Gleichung zu berechnen.

$$R'_{SL}(T) = \frac{1}{b_{SL} \cdot \left(\dfrac{h_{Ag}}{\rho_{Ag}(T)} + \dfrac{h_{Cu}}{\rho_{Cu}(T)} + \dfrac{h_{YBCO}}{\rho_{YBCO}(T)} + \dfrac{h_{Hs}}{\rho_{Hs}(T)} \right)} \quad \text{(vgl. Gl. (2.1))} \tag{4.32}$$

Sollte keine Lösung existieren, für die alle vier Bedingungen durch Variation der Schichtdicke eingehalten werden, so muss in diesem Fall die Länge der Bandleiter variiert werden. Dies erfolgt beim Entwurf durch Variation der Windungsspannung. Hierdurch wird die Anzahl der Windungen und damit auch die Leiterlänge verändert.

Diese hier eingeführte Vorgehensweise zur Vorgehensweise zur Dimensionierung von YBCO-Bandleitern für die Strombegrenzung und Rückkühlung in supraleitenden Transformatoren ist im Entwurfsgang in Kapitel 4.2 vorgestellten Entwurfsgang in Arbeitsschritt 6 integriert.

4.4 Optimierungsverfahren

In diesem Kapitel werden zunächst die **Parameter** und die **Hauptvariable** zur Transformator-Optimierung eingeführt und Richtlinien für deren Realisierung gegeben. Im Anschluss werden die Gleichungen für die Transformator-Optimierung hergeleitet. Im Entwurfsgang werden als

Optimierungsgrößen das Volumen V_T, das Gewicht m_T, die Verlustleistung $P_\mathrm{v,T}$ und die Materialkosten K_T des Transformators berücksichtigt. Für jede Optimierungsgröße wird eine differenzierbare Gleichung hergeleitet. Die Optimierung erfolgt mittels dieser Gleichungen durch einfache Kurvendiskussion. Die Vorgehensweise zur Optimierung des Transformator-Entwurfs ist im Entwurfsgang in Kapitel 4.2 beschrieben.

4.4.1 Parameter zur Optimierung

Hauptvariable für die Optimierung ist die Windungsspannung. Für die Berechnung der Windungsspannung durch Kurvendiskussion müssen alle in die Gleichungen eingehenden elektrischen und geometrischen Zusammenhänge in Abhängigkeit der Windungsspannung ausgedrückt werden. Es gehen keine absoluten geometrischen Größen, sondern nur bezogene Werte in die Gleichungen ein. Hierdurch kann teilweise die gegenseitige Abhängigkeit der geometrischen Größen berücksichtigt werden. Zudem reduziert dies die Anzahl der Parameter. Aus diesem Grund werden im Optimierungsverfahren nur die aktiven Teile der Wicklungen und des Eisenkerns berücksichtigt. Der Kryostat und die Stromzuführungen werden hierbei vernachlässigt. Im Folgenden werden die gewählten Parameter aufgeführt. Da alle Parameter Einfluss auf die Optimierungsgrößen haben, sind auch Richtlinien für ihre Wahl angegeben.

Tab. 4.2:   Parameter und Hauptvariable zur Transformator-Optimierung

Geometrische Parameter	Werkstoff Parameter	Elektrische Parameter
Eisenfüllfaktor φ_Fe (vgl. Gl. (4.49))	Flussdichte im Eisenkern $\hat{B}_\mathrm{H}$	Stromdichte j_os und j_us (vgl. Gl. (4.37))
Fensterfüllfaktor φ_w (vgl. Gl. (4.42))	Eisenverlustziffer v_Fe	Windungsspannung u_w (vgl. Gl. (4.38))
Fensterverhältnis μ_F (vgl. Gl. (4.51))		

Eisenfüllfaktor φ_Fe und Fensterfüllfaktor φ_w

Der Eisenfüllfaktor φ_Fe ist das Verhältnis zwischen der magnetisch wirksamen Eisenquerschnittsfläche $A_\mathrm{Fe,eff}$ und der geometrischen Eisenquerschnittsfläche A_Fe

$$\varphi_\mathrm{Fe} = \frac{A_\mathrm{Fe,eff}}{A_\mathrm{Fe}}, \tag{4.33}$$

mit

$$A_\mathrm{Fe} = \left(\frac{d_\mathrm{Fe}}{2}\right)^2 \cdot \pi. \tag{4.34}$$

Hierbei ist auch der Stapelfaktor der Bleche implizit berücksichtigt. Der Fensterfüllfaktor φ_Fe ist das Verhältnis zwischen der gesamten Querschnittsfläche der Leiter in den Fenstern und der Fensterfläche A_w.

$$\varphi_{\mathrm{w}} = \frac{w_{\mathrm{os}} \cdot A_{\mathrm{L,os}} + w_{\mathrm{us}} \cdot A_{\mathrm{L,us}}}{A_{\mathrm{w}}} . \tag{4.35}$$

Zur Minimierung aller Optimierungsgrößen sind die Füllfaktoren so groß wie möglich zu realisieren. Für den Eisenfüllfaktor folgt daraus, dass die Abstufungen der Kernbleche möglichst fein gewählt werden müssen (vgl. Abb. 4.1, Gl. (4.49)). Um den Fensterfüllfaktor (vgl. Abb. 4.2, Gl. (4.42)) möglichst klein zu realisieren, müssen die Isolationsabstände möglichst gering sein. Begrenzungen sind hier die minimalen Abstände die für die elektrische Isolation, für die Strömung des Kühlmediums und für die mechanische Festigkeit der tragenden Teile eingehalten werden müssen.

Fensterverhältnis μ_{F}

Die berechnete Anzahl der Windungen kann auf viele oder wenige Lagen verteilt gewickelt werden. Aus der daraus resultierenden Fensterhöhe h_{F} und Fensterbreite b_{F} ergibt sich das Fensterverhältnis (vgl. Abb. 4.1, Gl. (4.51))

$$\mu_{\mathrm{F}} = \frac{h_{\mathrm{F}}}{b_{\mathrm{F}}} . \tag{4.36}$$

Um den Fensterfüllfaktor φ_{w} möglichst groß realisieren zu können, sollte das Fensterverhältnis so gewählt werden, dass alle Lagen beider Wicklungen voll besetzt sind. Daher erweisen sich nur bestimmte Werte des Fensterverhältnisses als sinnvoll. Welcher der Werte beim Entwurf gewählt wird, ist durch Kontrollrechnungen zu ermitteln, indem der Wert der Optimierungsgröße, die minimiert werden soll, für verschiedene Fensterverhältnisse berechnet wird. Es wird dann das Fensterverhältnis gewählt, für das die Optimierungsgröße minimal ist. Das Vorgehen hierzu ist im Entwurfsgang in Kapitel 4.5 erläutert.

Einschränkungen kann es hierbei durch die maximal zulässigen Abmessungen des Transformators oder durch bestimmte Vorgaben für die Streuinduktivität des Transformators geben. Die Streuinduktivität wird sehr stark von den Abmessungen der Wicklungen, insbesondere von deren Höhe beeinflusst (siehe Gl. (4.74)).

Flussdichte $\hat{B}_{\mathrm{H}}$ und Eisenverlustziffer v_{Fe}

Der Scheitelwert der Flussdichte im Eisenkern $\hat{B}_{\mathrm{H}}$ sowie die Eisenverlustziffer v_{Fe} werden durch die gewählte Trafoblechqualität vorgegeben. Für das Volumen und das Gewicht des Transformators ist es günstig, einen Werkstoff mit hoher magnetischer Sättigungsflussdichte zu wählen. Die Eisenverluste sinken, je weiter der Scheitelwert der Flussdichte im Eisenkern unter der Sättigungsflussdichte des Werkstoffs liegt (je weniger der Werkstoff magnetisch belastet wird).

Die Eisenverlustziffer v_{Fe} hat keinen Einfluss auf das Volumen und das Gewicht des Transformators. Je geringer die Eisenverlustziffer des gewählten Trafoblechs ist, desto geringer sind auch dessen Verluste. Jedoch steigt damit der Preis des Werkstoffs an.

Stromdichte j_{os} und j_{us}

Die Stromdichte der Wicklungen wird definiert als der Nennstrom in I_{os} einer Wicklung bezogen auf die gesamte Querschnittsfläche des Leiterbündels $A_{\mathrm{L,os}}$, das den Strom trägt. Für die OS-Wicklung gilt

$$j_{\mathrm{os}} = \frac{I_{\mathrm{os}}}{A_{\mathrm{L,os}}}. \tag{4.37}$$

Entsprechend ergibt sich die Stromdichte für die US-Wicklung. Ebenso wird die kritische Stromdichte der Wicklung $j_{\mathrm{c,os}}$ aus deren kritischen Strom $I_{\mathrm{c,os}}$ und der gesamten Querschnittsfläche des Leiterbündels $A_{\mathrm{L,os}}$ berechnet. Allgemein kann gesagt werden, dass das Volumen und das Gewicht des Transformators sinken, je höher die Stromdichte in den Wicklungen ist.

Windungsspannung u_{w}

Die Windungsspannung u_{w} wird als Verhältnis zwischen der Nennspannung einer Wicklung und deren Windungszahl definiert.

$$u_{\mathrm{w}} = \frac{U_{\mathrm{os}}}{w_{\mathrm{os}}} = \frac{U_{\mathrm{us}}}{w_{\mathrm{us}}} \tag{4.38}$$

Die in den Transformator-Wicklungen induzierte Spannung kann nach dem Induktionsgesetzt berechnet werden. Für sinusförmige Anregung lautet dieses [KMR08]

$$U_{\mathrm{os}} = w_{\mathrm{os}} \cdot A_{\mathrm{Fe,eff}} \cdot \hat{B}_{\mathrm{H}} \cdot \frac{2\pi f}{\sqrt{2}} \tag{4.39}$$

Hierbei sind U_{os} der Effektivwert der Spannung an der OS-Wicklung, w_{os} die Windungszahl der OS-Wicklung, $A_{\mathrm{Fe,eff}}$ die magnetisch wirksame Querschnittsfläche des Eisenkerns, f die Frequenz und $\hat{B}_{\mathrm{H}}$ der Scheitelwert der magnetischen Flussdichte im Eisenkern. Entsprechendes gilt für die US-Wicklung.

Im Folgenden wird beschrieben, wieso die Windungsspannung zum Haupt-Optimierungsparameter gewählt wurde. Für einen Transformator-Entwurf können die Spannung, die Frequenz und die maximale magnetische Flussdichte im Eisenkern als gegeben betrachtet werden (letztere wird vom gewählten Werkstoff bestimmt). Die in gewissem Rahmen frei wählbaren Variablen sind die Windungszahl und die Eisenquerschnittsfläche. Da deren Produkt einen vorgegebenen Wert erzielen muss, kann ein Transformator somit mit vielen Windungen und geringer Eisenquerschnittsfläche oder mit wenigen Windungen und großer Eisenquerschnittsfläche realisiert werden. Wie Wahl dieses Verhältnisses hat insbesondere bei supraleitenden Transformatoren wesentlichen Einfluss auf die Optimierungsgrößen des Transformator-Entwurfs. Dies wird an einem Beispiel veranschaulicht.

Es sollen ein supraleitender und ein konventioneller Transformator mit möglichst geringem Gewicht entworfen werden. Durch die höhere Stromdichte in den Supraleitern sind die supraleitenden Wicklungen leichter als die konventionellen Wicklungen. Um nun das Gesamtgewicht zu minimieren, kann der supraleitende Transformator mit mehr Windungen und geringerer Eisenquerschnittsfläche realisiert werden als der konventionelle Transformator. Dies reduziert das Gewicht der Wicklung und des Eisenkerns, wodurch das Gesamtgewicht des supraleitenden Transformators wesentlich geringer ist, als das eines konventionellen Transformators.

Für das Verhältnis zwischen Windungszahl und Eisenquerschnittsfläche ist die Windungsspannung der maßgebliche Parameter. Diese ist nach Gl. (4.38) reziprok zur Windungszahl und nach Gl. (4.48) proportional zur Eisenquerschnittsfläche. Mit zunehmender Windungsspannung steigt die Eisenquerschnittsfläche an, während das Wicklungsvolumen abnimmt. Da das Gesamtvolumen des Transformators die Summe aus Wicklungsvolumen und Eisenkernvolumen ist, nimmt das Volumen eines Transformators für eine bestimmte Windungsspannung ein Minimum an. Dieses Minimum wird im hier entwickelten Optimierungsverfahren durch einfache Kurvendiskussion berechnet.

4.4.2 Herleitung von Gleichungen zur Optimierung

Im Folgenden wird für jede Optimierungsgröße des Transformator-Entwurfs jeweils eine Gleichung hergeleitet, anhand derer eine Minimierung der Optimierungsgröße durch Berechnung der Windungsspannung anhand einer einfachen Kurvendiskussion durchgeführt werden kann.

Zunächst werden verschiedene Größen eingeführt, die für die Herleitung der Gleichungen zur Optimierung von Bedeutung sind. Dies sind die in Abb. 4.2 rot markierte Fensterfläche und die Eisenquerschnittfläche, sowie die blau markierte mittlere Windungslänge und die mittlere Eisenkreislänge. Im Weiteren wird ihre Abhängigkeit von den elektrischen und geometrischen Zusammenhängen hergeleitet.

Fensterfläche und mittlere Windungslänge

Die gesamte Querschnittsfläche der Leiter in den Fenstern A_L kann anhand der Windungszahlen w_os und w_us und der Leiterquerschnittsflächen $A_\mathrm{L,os}$ und $A_\mathrm{L,us}$ berechnet werden.

$$A_{\mathrm{L}} = w_{\mathrm{os}} \cdot A_{\mathrm{L,os}} + w_{\mathrm{us}} \cdot A_{\mathrm{L,us}} \qquad (4.40)$$

Hierbei können die Windungszahlen in Abhängigkeit der Nennspannungen und der Windungsspannung u_{w} ausgedrückt werden. Die Leiterquerschnittsflächen $A_{\mathrm{L,os}}$ und $A_{\mathrm{L,us}}$ können in Abhängigkeit der Stromdichten j_{os} und j_{us} und der Ströme I_{os} und I_{us} ausgedrückt werden. Es folgt

$$A_{\mathrm{L}} = \frac{U_{\mathrm{os}}}{u_{\mathrm{w}}} \cdot \frac{I_{\mathrm{os}}}{j_{\mathrm{os}}} + \frac{U_{\mathrm{us}}}{u_{\mathrm{w}}} \cdot \frac{I_{\mathrm{us}}}{j_{\mathrm{us}}} = \frac{S_{\mathrm{N}}}{u_{\mathrm{w}}}\left(\frac{1}{j_{\mathrm{os}}} + \frac{1}{j_{\mathrm{us}}}\right). \qquad (4.41)$$

Die Isolationsabstände werden durch den Fensterfüllfaktor φ_{w} berücksichtigt. Dieser ist das Verhältnis zwischen Leiterquerschnittsfläche A_{L} und Fensterfläche A_{w}. Im Entwurfsgang erfolgt die Berechnung des Fensterfüllfaktors nach

$$\varphi_{\mathrm{w}} = \frac{A_{\mathrm{L}}}{A_{\mathrm{w}}} = \frac{w_{\mathrm{os}} \cdot A_{\mathrm{L,os}} + w_{\mathrm{us}} \cdot A_{\mathrm{L,us}}}{h_{\mathrm{F}} \cdot b_{\mathrm{F}}}. \qquad (4.42)$$

Mit dem Fensterfüllfaktor kann die Fensterfläche in Abhängigkeit der elektrischen und geometrischen Größen angegeben werden durch

$$A_{\mathrm{w}} = \frac{S_{\mathrm{N}}}{u_{\mathrm{w}} \cdot \varphi_{\mathrm{w}}}\left(\frac{1}{j_{\mathrm{os}}} + \frac{1}{j_{\mathrm{us}}}\right). \qquad (4.43)$$

Eine weitere Größe, die bei der Transformator-Optimierung Anwendung findet, ist die mittlere Windungslänge ℓ_{w}. Sie kann ebenfalls aus elektrischen Größen und geometrischen Zusammenhängen berechnet werden. Geometrisch ergibt sich die mittlere Windungslänge aus dem Kerndurchmesser d_{Fe} und der Fensterbreite b_{F}

$$\ell_{\mathrm{w}} = \pi \cdot \left(d_{\mathrm{Fe}} + b_{\mathrm{F}}\right). \qquad (4.44)$$

Der Kerndurchmesser d_{Fe} ist abhängig von der Eisenquerschnittsfläche A_{Fe}.

$$\text{Aus } A_{\mathrm{Fe}} = \pi \cdot \left(\frac{d_{\mathrm{Fe}}}{2}\right)^2 \text{ folgt } d_{\mathrm{Fe}} = 2 \cdot \sqrt{\frac{A_{\mathrm{Fe}}}{\pi}}. \qquad (4.45)$$

Die Fensterbreite b_{F} kann in Abhängigkeit von der Fensterfläche ausgedrückt werden.

$$\text{Aus } A_{\mathrm{w}} = h_{\mathrm{F}} \cdot b_{\mathrm{F}} \text{ folgt } b_{\mathrm{F}} = \sqrt{\frac{A_{\mathrm{w}}}{\mu_{\mathrm{F}}}}. \qquad (4.46)$$

Damit ergibt sich die mittlere Windungslänge zu

$$\ell_{\mathrm{w}} = 2\sqrt{\pi \cdot A_{\mathrm{Fe}}} + \pi \cdot \sqrt{\frac{A_{\mathrm{w}}}{\mu_{\mathrm{F}}}}. \qquad (4.47)$$

Eisenquerschnittsfläche und effektive Eisenkreislänge

Die Berechnung der Eisenquerschnittsfläche erfolgt nach dem Induktionsgesetz. Für sinusförmige Anregung lautet das Induktionsgesetz, aufgelöst nach der geometrischen Eisenquerschnittsfläche (siehe Gl. (4.39))

$$A_{\text{Fe}} = \frac{1}{\sqrt{2} \cdot \pi \cdot f \cdot \varphi_{\text{Fe}} \cdot \hat{B}_{\text{H}}} \cdot u_{\text{w}} \, . \tag{4.48}$$

Hierbei sind f die Netzfrequenz, $\hat{B}_{\text{H}}$ der Scheitelwert der magnetischen Flussdichte im Eisenkern und der φ_{Fe} Eisenfüllfaktor. Der Eisenfüllfaktor wird definiert als das Verhältnis der magnetisch wirksamen Eisenquerschnittsfläche $A_{\text{Fe,eff}}$ und der geometrischen Eisenquerschnittsfläche

$$\varphi_{\text{Fe}} = \frac{A_{\text{Fe,eff}}}{\left(\dfrac{d_{\text{Fe}}}{2}\right)^2 \cdot \pi} \, . \tag{4.49}$$

Dieser Zusammenhang geht aus Abb. 4.1 hervor.

Die effektive Eisenkreislänge ℓ_{Fe} lässt sich ebenso aus den geometrischen und elektrischen Parametern des Transformators bestimmen. Diese ergibt sich aus den geometrischen Zusammenhängen zu

$$\ell_{\text{Fe}} = 2h_{\text{F}} + 2b_{\text{F}} + 3b_{\text{M}} + \frac{d_{\text{Fe}}}{2} \, . \tag{4.50}$$

Mit dem Fensterverhältnis μ_{F} lässt sich die Fensterhöhe h_{F} in Abhängigkeit der Fensterbreite b_{F} angeben.

$$\text{Aus } \mu_{\text{F}} = \frac{h_{\text{F}}}{b_{\text{F}}} \text{ folgt } h_{\text{F}} = \mu_{\text{F}} \cdot b_{\text{F}} \, . \tag{4.51}$$

Die Breite der Mantelschenkel b_{M} ist abhängig von der Eisenquerschnittsfläche A_{Fe}.

$$b_{\text{M}} = \frac{A_{\text{M}}}{d_{\text{Fe}}} = \frac{A_{\text{Fe}}}{2 \cdot d_{\text{Fe}}} = \frac{\sqrt{\pi \cdot A_{\text{Fe}}}}{4} \tag{4.52}$$

Der Kerndurchmesser d_{Fe} ist nach Gl. (4.45) ebenso abhängig von der Eisenquerschnittsfläche A_{Fe}. Die Fensterbreite b_{F} kann nach Gl. (4.46) in Abhängigkeit von Fensterfläche und Fensterverhältnis ausgedrückt werden. Mit diesen Zusammenhängen ergibt sich die effektive Eisenkreislänge zu

$$\ell_{\text{Fe}} = 2\left(\sqrt{\mu_{\text{F}}} + \frac{1}{\sqrt{\mu_{\text{F}}}}\right)\sqrt{A_{\text{w}}} + \left(\frac{3}{4}\sqrt{\pi} + \frac{1}{\sqrt{\pi}}\right)\sqrt{A_{\text{Fe}}} \, . \tag{4.53}$$

In dieser Darstellung ist die effektive Eisenkreislänge abhängig vom Fensterverhältnis μ_F, von der Fensterfläche A_w, und der Eisenquerschnittsfläche A_{Fe}. Das Fensterverhältnis kann beim Entwurf frei gewählt werden und die Eisenquerschnittsfläche lässt sich wie die Fensterfläche nach Gl. (4.48) und (4.43) direkt aus den elektrischen Vorgaben bestimmen. Im Folgenden werden die Gleichungen zur Optimierung hergeleitet.

Gleichung zur Optimierung nach Volumen

Das Volumen des zu entwerfenden Transformators V_T setzt sich aus dem Wicklungsvolumen und dem Eisenkernvolumen zusammen. Diese können aus dem Produkt von Eisenquerschnittsfläche A_{Fe} und effektiver Eisenkreislänge ℓ_{Fe}, sowie aus dem Produkt von Fensterfläche A_w und mittlerer Windungslänge ℓ_w berechnet werden. Dieser Zusammenhang geht aus Abb. 4.2 hervor.

$$V_T = A_{Fe} \cdot \ell_{Fe} + A_w \cdot \ell_w \tag{4.54}$$

Durch Einsetzten der Gleichungen (4.53) und (4.47) erhält man

$$V_T = 2\left(\sqrt{\mu_F} + \frac{1}{\sqrt{\mu_F}} \right) A_{Fe} \cdot \sqrt{A_w} + \left(\frac{1}{\sqrt{\pi}} + \frac{3\sqrt{\pi}}{4} \right)(A_{Fe})^{\frac{3}{2}} + 2\sqrt{\pi} \cdot A_w \cdot \sqrt{A_{Fe}} + \frac{\pi}{\sqrt{\mu_F}}(A_w)^{\frac{3}{2}}. \tag{4.55}$$

Die Variablen A_{Fe} und A_w können durch die Ausdrücke in den Gleichungen (4.48) und (4.43) substituiert werden. Für eine übersichtliche Darstellung werden in Tab. 4.3 die Parameter der Volumen-Gleichung eingeführt. Die Volumen-Gleichung erhält damit die Form

$$V_T(u_w) = d_V \cdot a_V^{\frac{3}{2}} (u_w)^{\frac{3}{2}} + c_V \cdot a_V \cdot b_V^{\frac{1}{2}} (u_w)^{\frac{1}{2}} + e_V \cdot b_V \cdot a_V^{\frac{1}{2}} (u_w)^{-\frac{1}{2}} + f_V \cdot b_V^{\frac{3}{2}} (u_w)^{-\frac{3}{2}} \tag{4.56}$$

und ist nur noch von den in Tab. 4.2 angegebenen Parametern abhängig und nach der Windungsspannung differenzierbar, so dass anhand dieser Gleichung eine Kurvendiskussion zur Optimierung durchgeführt werden kann. Die Ableitung der Volumen-Gleichung nach der Windungsspannung lautet

$$\frac{d(V_T(u_w))}{du_w} = 3 \cdot a_V^{\frac{3}{2}} \cdot d_V \cdot u_w^3 + a_V \cdot \sqrt{b_V} \cdot c_V \cdot u_w^2 - \sqrt{a_V} \cdot b_V \cdot e_V \cdot u_w - 3 \cdot f_V \cdot b_V^{\frac{3}{2}}. \tag{4.57}$$

In Tab. 4.3 sind die Parameter der Volumen-Gleichung angegeben.

Tab. 4.3: Parameter der Volumen-Gleichung V_T

$a_V = \dfrac{\sqrt{2}}{2\pi f \cdot \hat{B}_H \cdot \varphi_{Fe}}$	$b_V = \dfrac{S_N}{\varphi_w}\left(\dfrac{1}{j_{os}} + \dfrac{1}{j_{us}}\right)$	$c_V = 2\left(\sqrt{\mu_F} + \dfrac{1}{\sqrt{\mu_F}}\right)$
$d_V = \left(\dfrac{1}{\sqrt{\pi}} + \dfrac{3}{4}\sqrt{\pi}\right)$	$e_V = 2\cdot\sqrt{\pi}$	$f_V = \dfrac{\pi}{\sqrt{\mu_F}}$

Gleichung zur Optimierung nach Gewicht

Ausgehend von der Volumen-Gleichung(4.54) kann unter Berücksichtigung der Füllfaktoren φ_w und φ_{Fe}, des spezifischen Gewichts der YBCO-Bandleiter in den Wicklungen $\rho_{D,w}$ und des spezifischen Gewichts des Eisenkerns $\rho_{D,Fe}$ auch das Gewicht des Transformators m_T berechnet werden.

$$m_T = \rho_{D,Fe} \cdot \varphi_{Fe} \cdot A_{Fe} \cdot \ell_{Fe} + \rho_{D,w} \cdot \varphi_w \cdot A_w \cdot \ell_w \tag{4.58}$$

Durch Einsetzen der Gleichungen (4.53) und (4.47) für die Eisenkern- und Wicklungslänge und der Gleichungen (4.48) und (4.43) für die Eisenkern- und Wicklungsquerschnittsfläche wird die Gewicht-Gleichung analog zur Volumen-Gleichung umgeformt. Durch Einführen der Parameter der Gewicht-Gleichung ergibt sich diese zu

$$m_T = d_m \cdot a_m^{\frac{3}{2}} \cdot (u_w)^{\frac{3}{2}} + c_m \cdot a_m \cdot b_m^{\frac{1}{2}} \cdot (u_w)^{\frac{1}{2}} + e_m \cdot b_m \cdot a_m^{\frac{1}{2}} \cdot (u_w)^{-\frac{1}{2}} + f_m \cdot b_m^{\frac{3}{2}} \cdot (u_w)^{-\frac{3}{2}}. \tag{4.59}$$

Die Ableitung der Gewicht-Gleichung nach der Windungsspannung lautet

$$\frac{d(m_T(u_w))}{u_w} = 3\cdot a_m^{\frac{3}{2}} \cdot d_m \cdot u_w^3 + a_m \cdot \sqrt{b_m} \cdot c_m u_w^2 - \sqrt{a_m} \cdot b_m \cdot e_m \cdot u_w - 3\cdot f_m \cdot b_m^{\frac{3}{2}}. \tag{4.60}$$

In Tab. 4.4 sind die Parameter der Gewicht-Gleichung angegeben.

Tab. 4.4: Parameter der Gewicht-Gleichung m_T

$a_m = \dfrac{\sqrt{2}}{2\pi f \cdot \hat{B}_H \cdot \varphi_{Fe}}$	$b_m = \dfrac{S_N}{\varphi_w}\left(\dfrac{1}{j_{os}} + \dfrac{1}{j_{us}}\right)$	$c_m = \rho_{D,Fe} \cdot \varphi_{Fe} \cdot 2\left(\sqrt{\mu_F} + \dfrac{1}{\sqrt{\mu_F}}\right)$
$d_m = \rho_{D,Fe} \cdot \varphi_{Fe} \cdot \left(\dfrac{1}{\sqrt{\pi}} + \dfrac{3}{4}\sqrt{\pi}\right)$	$e_m = \rho_{D,w} \cdot \varphi_w \cdot 4\cdot\sqrt{\pi}$	$f_m = \rho_{D,w} \cdot \varphi_w \cdot \dfrac{\pi}{\sqrt{\mu_F}}$

Ebenso wie bei der Volumen-Gleichung ist auch diese Gleichung nur von geometrischen und elektrischen Parametern abhängig und ist nach der Windungsspannung differenzierbar, so dass diese für eine Optimierung durch Kurvendiskussion verwendet werden kann.

Gleichung zur Optimierung nach Verlusten

Die Verluste der aktiven Teile eines supraleitenden Transformators setzen sich aus den in Kapitel 4.2.1 beschriebenen Eisenkernverlusten und den in Kapitel 4.2.4 beschriebenen Wechselstromverlusten der YBCO-Bandleiter zusammen. Die Wechselstromverluste der Supraleiter können nach Gl. (4.10) wie in Kapitel 4.2.4 beschrieben berechnet werden.

Um eine Minimierung der Verlustleistung des Transformators durch Berechnung der Windungsspannung durchführen zu können, müssen die Wechselstromverluste in Abhängigkeit von der Windungsspannung approximiert werden. Als erste Näherung wird hier ein linearer Zusammenhang zwischen den Wechselstromverlusten und der Windungszahl angenommen. Dadurch sind die Wechselstromverluste reziprok zur Windungsspannung (vgl. Gl. (4.38)).

Da der entwickelte Entwurfsgang eine iterative Vorgehensweise zur Transformator-Optimierung vorsieht, kann eine Approximation der Wechselstromverluste in Abhängigkeit von der Windungsspannung auf Grundlage eines bereits vorliegenden (n-ten) Transformator-Entwurfs erfolgen. Hierzu werden die Wechselstromverluste dieses vorliegenden Transformator-Entwurfs $P_{\mathrm{AC,r}}$ mit der Windungsspannung skaliert:

$$P_{\mathrm{AC}}^{*}\!\left(u_{\mathrm{w}}\right) = P_{\mathrm{AC,r}} \cdot \frac{u_{\mathrm{w,r}}}{u_{\mathrm{w}}}. \tag{4.61}$$

Hierbei sind $P_{\mathrm{AC,n}}$ die berechneten Wechselstromverluste einer Wicklung des vorliegenden n-ten Transformator-Entwurfs, dessen Windungsspannung $u_{\mathrm{w,r}}$ ist. P_{AC}^{*} ist die Approximation der Wechselstromverluste einer vergleichbaren Transformator-Wicklung, deren Windungsspannung u_{w} ist.

Die Eisenverluste werden entsprechend Gl. (4.4) aus dem Produkt der Eisenkern-Masse und der Eisenverlustziffer v_{Fe} berechnet. Die Bestimmung der Eisenkern-Masse erfolgt wie in Gl. (4.58) angegeben. So ergibt sich die Verlust-Gleichung zu

$$P_{\mathrm{v,T}} = v_{\mathrm{Fe}} \cdot \rho_{\mathrm{D,Fe}} \cdot \varphi_{\mathrm{Fe}} \cdot A_{\mathrm{Fe}} \cdot \ell_{\mathrm{Fe}} + \left(P_{\mathrm{AC,r,os}} + P_{\mathrm{AC,r,us}}\right) \cdot \frac{u_{\mathrm{w,r}}}{u_{\mathrm{w}}}. \tag{4.62}$$

Durch Einsetzen der Gleichungen (4.53) und (4.48) für die Eisenkreislänge und Eisenquerschnittsfläche wird die Verlust-Gleichung umgeformt. Durch Einführen der Parameter der Verlust-Gleichung ergibt sich diese zu

$$P_{\mathrm{v,T}}\!\left(u_{\mathrm{w}}\right) = c_{\mathrm{v}} \cdot a_{\mathrm{v}} \cdot b_{\mathrm{v}}^{\frac{1}{2}} \cdot u_{\mathrm{w}}^{\frac{1}{2}} + d_{\mathrm{v}} \cdot a_{\mathrm{v}} \cdot u_{\mathrm{w}}^{\frac{2}{3}} + e_{\mathrm{v}} \cdot u_{\mathrm{w}}^{-1}. \tag{4.63}$$

Die Ableitung der Verlust-Gleichung nach der Windungsspannung lautet

$$\frac{d\!\left(P_{\mathrm{v,T}}\!\left(u_{\mathrm{w}}\right)\right)}{du_{\mathrm{w}}} = \frac{1}{2} c_{\mathrm{v}} \cdot a_{\mathrm{v}} \cdot b_{\mathrm{v}}^{\frac{1}{2}} \cdot u_{\mathrm{w}}^{-\frac{1}{2}} + \frac{3}{2} d_{\mathrm{v}} \cdot a_{\mathrm{v}} \cdot u_{\mathrm{w}}^{\frac{1}{2}} - e_{\mathrm{v}} \cdot u_{\mathrm{w}}^{-2}. \tag{4.64}$$

In Tab. 4.5 sind die Parameter der Verlust-Gleichung angegeben.

Tab. 4.5:   Parameter der Verlust-Gleichung $P_{\mathrm{v,T}}$

$a_{\mathrm{v}} = \dfrac{\sqrt{2}}{2\,\pi f \cdot \hat{B}_{\mathrm{H}} \cdot \varphi_{\mathrm{Fe}}}$	$b_{\mathrm{v}} = \dfrac{S_{\mathrm{N}}}{\varphi_{\mathrm{w}}}\left(\dfrac{1}{j_{\mathrm{os}}} + \dfrac{1}{j_{\mathrm{us}}}\right)$	$c_{\mathrm{v}} = 2 \cdot v_{\mathrm{Fe}} \cdot \rho_{\mathrm{D,Fe}} \cdot \varphi_{\mathrm{Fe}}\left(\sqrt{\mu_{\mathrm{F}}} + \dfrac{1}{\sqrt{\mu_{\mathrm{F}}}}\right)$
$d_{\mathrm{v}} = v_{\mathrm{Fe}} \cdot \rho_{\mathrm{D,Fe}} \cdot \varphi_{\mathrm{Fe}}\left(\dfrac{1}{\sqrt{\pi}} + \dfrac{3\sqrt{\pi}}{4}\right)$	$e_{\mathrm{v}} = \left(P_{\mathrm{AC,r,os}} + P_{\mathrm{AC,r,us}}\right)\cdot u_{\mathrm{w,n}}$	

Ebenso wie bei der Volumen-Gleichung ist auch diese Gleichung nur von geometrischen und elektrischen Parametern abhängig und ist nach der Windungsspannung differenzierbar, so dass diese für eine Optimierung durch Kurvendiskussion verwendet werden kann.

Gleichung zur Optimierung nach Kosten

Die Materialkosten K_{T} des zu entwerfenden Transformators werden anhand der spezifischen Kosten des Kern- und Wicklungsmaterials und der Materialmenge berechnet. Die Kosten des Eisenkerns sind das Produkt aus Eisenkern-Masse m_{Fe} und spezifischen Materialkosten k_{Fe}. Entsprechend sind die Kosten der Wicklungen aus dem Produkt aus Gesamtlänge der YBCO-Bandleiter und spezifischen Bandleiterkosten k_{Band} zu berechnen.

Um eine Minimierung der Kosten des Transformators durch eine Berechnung der Windungsspannung durchführen zu können, müssen die Wicklungskosten in Abhängigkeit von der Windungsspannung approximiert werden. Als erste Näherung wird hier ein linearer Zusammenhang zwischen der Leiterlänge einer Wicklung und der Windungszahl angenommen. Damit ist diese reziprok zur Windungsspannung (vgl. Gl. (4.38)). Bei diesem Ansatz wird der Einfluss des Eisenkern-Durchmessers durch die Änderung der Windungsspannung vernachlässigt.

Der entwickelte Entwurfsgang sieht eine iterative Vorgehensweise zur Transformator-Optimierung vor. Daher kann eine Approximation der Leiterlänge einer Wicklung auf Grundlage eines bereits vorliegenden Transformator-Entwurfs erfolgen. Hierzu wird die berechnete Leiterlänge des vorliegenden n-ten Transformator-Entwurfs ℓ_{r} mit der Windungsspannung skaliert.

$$\ell^{*}\left(u_{\mathrm{w}}\right) = \ell_{\mathrm{r}} \cdot \frac{u_{\mathrm{w,r}}}{u_{\mathrm{w}}} \tag{4.65}$$

Hierbei sind ℓ_{r} die Leiterlänge einer Wicklung (OS oder US) des vorliegenden n-ten Transformator-Entwurfs, dessen Windungsspannung $u_{\mathrm{w,r}}$ ist. ℓ_{r}^{*} ist die Approximation der Leiterlänge einer vergleichbaren Transformator-Wicklung, deren Windungsspannung u_{w} ist.

Um die Gesamtlänge der benötigten Bandleiter zu berechnen, muss zudem die Anzahl paralleler Bandleiter berücksichtigt werden. Da der Preis für Supraleiter üblicherweise in Kosten pro Stromtragfähigkeit und Leiterlänge in €/kA·m angegeben wird, muss zudem das Produkt aus kritischem Strom (der einzelnen Bandleiter im Eigenfeld) und der Anzahl paralleler Bandleiter berücksichtigt werden.

Mit diesem Ansatz zur Approximation der Leiterlänge können die Kosten für die Transformator-Wicklungen wie folgt berechnet werden.

$$K_\mathrm{T} = k_\mathrm{Fe} \cdot \rho_\mathrm{D,Fe} \cdot \varphi_\mathrm{Fe} \cdot A_\mathrm{Fe} \cdot \ell_\mathrm{Fe} + \left(\ell_\mathrm{r,os} \cdot n_\mathrm{Band,os} + \ell_\mathrm{r,us} \cdot n_\mathrm{Band,us} \right) \cdot \frac{I_\mathrm{c} \cdot u_\mathrm{w,r} \cdot k_\mathrm{Band}}{u_\mathrm{w}} \tag{4.66}$$

Hierbei ist k_Fe der spezifische Preis des Kernmaterials, $\rho_\mathrm{D,Fe}$ die Dichte des Kernmaterials, φ_Fe der Füllfaktor des Eisenkerns A_Fe die Eisenquerschnittsfläche, ℓ_Fe die effektive Eisenkreislänge, ℓ_r die Leiterlänge einer Wicklung des vorliegenden Entwurfs, n_Band die Anzahl parallel geschalteter Bandleiter in einer Wicklung, I_c der kritische Strom eines einzelnen Bandleiters, $u_\mathrm{w,r}$ die Windungsspannung des vorliegenden Entwurfs und k_Band der spezifische Leiterpreis (in €/kA·m).

$$K_\mathrm{T} = d_\mathrm{k} \cdot a_\mathrm{k}^{\frac{3}{2}} \cdot \left(u_\mathrm{w}\right)^{\frac{3}{2}} + c_\mathrm{k} \cdot a_\mathrm{k} \cdot \sqrt{b_\mathrm{k}} \cdot \left(u_\mathrm{w}\right)^{\frac{1}{2}} + e_\mathrm{k} \cdot \left(u_\mathrm{w}\right)^{-1} . \tag{4.67}$$

Die Ableitung der Materialkosten-Gleichung nach der Windungsspannung lautet

$$\frac{d\left(K_\mathrm{T}(u_\mathrm{w})\right)}{du_\mathrm{w}} = 3 \cdot d_\mathrm{k} \cdot a_\mathrm{k}^{\frac{3}{2}} \cdot \left(u_\mathrm{w}\right) + c_\mathrm{k} \cdot a_\mathrm{k} \cdot \sqrt{b_\mathrm{k}} - 2 \cdot e_\mathrm{k} \cdot \left(u_\mathrm{w}\right)^{-\frac{3}{2}} . \tag{4.68}$$

In Tab. 4.6 sind die Parameter der Materialkosten-Gleichung angegeben.

Tab. 4.6:   Parameter der Materialkosten-Gleichung K_T

$a_\mathrm{k} = \dfrac{\sqrt{2}}{2\pi f \cdot \hat{B}_\mathrm{H} \cdot \varphi_\mathrm{Fe}}$	$b_\mathrm{k} = \dfrac{S_\mathrm{N}}{\varphi_\mathrm{w}}\left(\dfrac{1}{j_\mathrm{os}} + \dfrac{1}{j_\mathrm{us}}\right)$	$c_\mathrm{k} = 2 \cdot k_\mathrm{Fe} \cdot \rho_\mathrm{D,Fe} \cdot \varphi_\mathrm{Fe}\left(\sqrt{\mu_\mathrm{F}} + \dfrac{1}{\sqrt{\mu_\mathrm{F}}}\right)$
$d_\mathrm{k} = k_\mathrm{Fe} \cdot \rho_\mathrm{D,Fe} \cdot \varphi_\mathrm{Fe}\left(\dfrac{1}{\sqrt{\pi}} + \dfrac{3\sqrt{\pi}}{4}\right)$	$e_\mathrm{k} = \left(\ell_\mathrm{r,os} \cdot n_\mathrm{Band,os} + \ell_\mathrm{r,us} \cdot n_\mathrm{Band,us}\right) \cdot I_\mathrm{c} \cdot u_\mathrm{w,r} \cdot k_\mathrm{Band}$	

Ebenso wie bei der Volumen-Gleichung ist auch diese Gleichung nur von geometrischen und elektrischen Parametern abhängig und ist nach der Windungsspannung differenzierbar, so dass diese für eine Optimierung durch Kurvendiskussion verwendet werden kann.

4.5 Entwurfsgang

Im Folgenden wird ein im Rahmen dieser Arbeit entwickelter Entwurfsgang für den Entwurf supraleitender Transformatoren vorgestellt. Dieser beschreibt eine systematische Vorgehensweise für den Transformator-Entwurf. Die Gleichungen für die notwendigen Berechnungen sind vollständig aufgeführt. Im konstruktiven Teil des Entwurfsgangs wird nicht auf die detaillierte Auslegung der Hochspannungsisolation, des Stützmaterials für die mechanische Festigkeit und auf die Auslegung der Kühlkanäle für eine hinreichende Kühlung der Supraleiter während des

Normalbetriebs und einer Rückkühlung eingegangen. Hier wird auf weiterführende Fachliteratur verwiesen wie beispielsweise [Küc96], [VDI06], [GF07] und [CH08].

In Abb. 4.8 ist der Ablaufplan des Entwurfsgangs mit den einzelnen Arbeitsschritten dargestellt. Der Entwurfsgang ist in zehn Arbeitsschritte unterteilt, die in der vorgegebenen Reihenfolge durchlaufen werden. In Arbeitsschritt 1 werden zunächst die Vorgabewerte und Randbedingungen erfasst. Darüber hinaus wird die Größe gewählt, für die der Transformator optimiert werden soll. Diese wird im Folgenden Optimierungsgröße genannt. In Arbeitsschritt 2 erfolgt die Wahl der Windungsspannung für den aktuellen Iterationsschritt. In den Arbeitsschritten 3 bis 7 wird ein detaillierter, konstruktiver Entwurf eines Transformators vorgenommen. In den Arbeitsschritten 8 und 9 erfolgt die Optimierung des Transformators durch Berechnung der Windungsspannung.

Hierfür wurde für jede Optimierungsgröße (Volumen, Gewicht, Verluste oder Kosten) eine Gleichung hergeleitet, mit der der Betrag der Optimierungsgröße in Abhängigkeit der Windungsspannung berechnet werden kann. Die Herleitung der Gleichungen ist in Kapitel 4.4.2 beschrieben. Die darin enthaltenen Parameter sind in Kapitel 4.4.1 aufgeführt. Anhand des vorliegenden konstruktiven Entwurfs sind diese vollständig bestimmt. Die Optimierung erfolgt durch Berechnung der Windungsspannung mittels einfacher Kurvendiskussion mit einer der hergeleiteten Gleichungen.

Die Berechnung der Windungsspannung erfolgt in Arbeitsschritt 8. Im Anschluss wird in Arbeitsschritt 9 geprüft, ob die Optimierungsgröße minimiert ist und der Entwurf beendet werden kann. Ist dies nicht der Fall, so wird der berechnete Wert der Windungsspannung in Arbeitsschritt 2 für den nächsten Iterationsschritt gewählt. Ist jedoch der berechnete Wert der Windungsspannung etwa gleich dem Wert des aktuellen Entwurfs, so ist die Optimierungsgröße minimiert und der Transformator-Entwurf kann beendet werden. Als Kontrolle dient ein Vergleich der Ausgabewerte der gewählten Optimierungsgröße. In Arbeitsschritt 10 werden die Hauptausgabegrößen des Transformator-Entwurfs zusammengefasst.

Im Folgenden werden die einzelnen Arbeitsschritte detailliert beschrieben und die verwendeten Gleichungen aufgeführt.

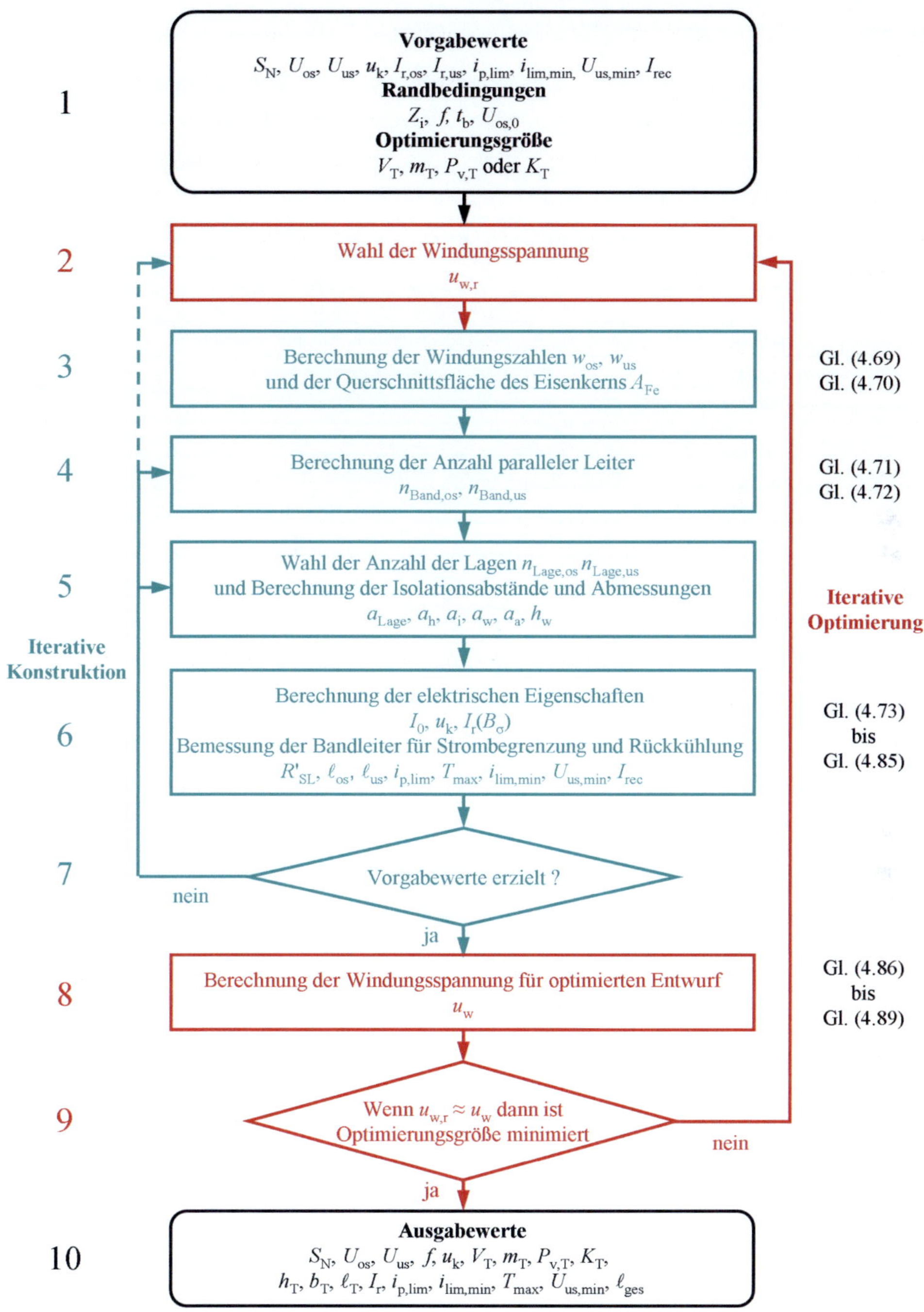

Abb. 4.8: Ablaufplan des Entwurfsgangs. Grün: Iterative Konstruktion. Rot: Iterative Optimierung nach Volumen, Gewicht, Verlustleistung oder Materialkosten durch Berechnung der Windungsspannung.

Arbeitsschritt 1: Vorgabewerte, Randbedingungen und Optimierungsgröße

Im ersten Arbeitsschritt werden alle Vorgabewerte und Randbedingungen, die beim Transformator-Entwurf bekannt sein müssen, zusammengefasst. Diese sind in Tab. 4.7 aufgeführt. An dieser Stelle ist auch festzulegen, nach welcher Optimierungsgröße die Optimierung durchgeführt werden soll.

Tab. 4.7:   Vorgabewerte, Randbedingungen und Optimierungsgrößen für Transformator-Entwurf

Vorgabewerte			
Nennleistung	S_N	Prospektiver begrenzter Kurzschlussstrom	$i_\mathrm{p,lim}$
Ober- und Unterspannung	$U_\mathrm{os}\,/\,U_\mathrm{us}$	Minimaler begrenzter Kurzschlussstrom	$i_\mathrm{lim,min}$
rel. Kurzschlussspannung	u_k	Maximaler Rückkühlstrom	I_rec
Bemessungsstrom OS / US	$I_\mathrm{r,os}\,/\,I_\mathrm{r,us}$	Minimale Ausgangsspannung	$U_\mathrm{us,min}$
Randbedingungen			
Frequenz	f	Netzinnenwiderstand	Z_i
Leerlaufspannung der Quelle	$U_\mathrm{os,0}$	Bemessungs-Ausschaltzeit	t_b
Optimierungsgrößen			
Volumen	V_T	Verlustleistung	$P_\mathrm{V,T}$
Gewicht	m_T	Materialkosten	K_T

Arbeitsschritt 2: Wahl der Windungsspannung

Im zweiten Arbeitsschritt wird die Windungsspannung $u_\mathrm{w,r}$ für den Entwurf gewählt. Die Wahl erfolgt in der ersten Iteration nach einem Erfahrungswert. Es ist zu erwähnen, dass die Windungsspannung mit zunehmender Nennleistung Sinnvollerweise ansteigt. Für die weiteren Iterationsschritte wird der Wert der Windungsspannung in Arbeitsschritt 8 berechnet.

Arbeitsschritt 3: Berechnung der Windungszahlen und der Eisenquerschnittsfläche

Anhand der gewählten Windungsspannung $u_\mathrm{w,r}$ werden die Windungszahlen der Wicklungen

$$w_\mathrm{os} = \frac{U_\mathrm{os}}{u_\mathrm{w,r}} \quad \text{und} \quad w_\mathrm{us} = \frac{U_\mathrm{us}}{u_\mathrm{w,r}} \text{ (siehe Gl. (4.38))} \tag{4.69}$$

sowie die magnetisch wirksame Eisenquerschnittsfläche berechnet [KMR08]:

$$A_\mathrm{Fe,eff} = \frac{1}{\sqrt{2}\cdot\pi\cdot f\cdot\hat{B}_\mathrm{H}}\cdot u_\mathrm{w,r} \text{ (siehe Gl. (4.39)).} \tag{4.70}$$

Hierbei sind f die Netzfrequenz, U_os und U_us die Nennspannungen und $\hat{B}_\mathrm{H}$ der Scheitelwert der magnetischen Flussdichte im Eisenkern. Aus dieser Gleichung geht hervor, dass die Eisenquerschnittsfläche geringer ist, je höher die magnetische Flussdichte ist. Somit sind das Gewicht und das Volumen des Transformators geringer, je höher die magnetische Flussdichte im Eisenkern realisiert werden kann.

Arbeitsschritt 4: Berechnung der Anzahl paralleler Leiter

Der kritische Strom der Wicklungen muss so realisiert werden, dass er größer oder gleich dem Bemessungsstrom der Wicklungen ist.

$$I_{c,os} \geq I_{r,os} \text{ und } I_{c,us} \geq I_{r,us} \tag{4.71}$$

Der kritische Strom einer Wicklung ist der Wert, bei dem das µV-Kriterium schon in einem Teilbereich der Wicklung überschritten wird. Da die magnetische Feldbelastung im Wicklungsraum inhomogen verteilt ist, ist der kritische Strom im Bereich der stärksten Feldbelastung zu ermitteln. Hierbei ist die Anisotropie der Bandleiter zu berücksichtigen.

Übersteigt der kritische Strom einer Wicklung den kritischen Strom eines einzelnen Bandleiters, so müssen mehrere Bandleiter parallel geschaltet werden, um den Strom in der Wicklung im supraleitenden Zustand zu tragen. Die Bandleiter können gestapelt oder beispielsweise verröbelt angeordnet werden. Ein Verröbeln der Bandleitern führt zu einer Reduktion der Wechselstromverluste der Supraleiter. In dieser Arbeit wird nur ein einfaches Stapeln der Bandleiter betrachtet.

Durch das Stapeln der Bandleiter wird der kritische Strom jedes einzelnen Bandleiters weiter reduziert. Aus diesen Gründen ist

$$I_{c,os} < n_{Band,os} \cdot I_{c,Band} \text{ und } I_{c,os} < n_{Band,os} \cdot I_{c,Band} \tag{4.72}$$

Die Anzahl der parallel geschalteten Bandleiter n_{Band} muss so gewählt werden, dass der kritische Strom der Wicklungen I_c größer oder gleich dem Bemessungsstrom I_r (Scheitelwert) der Wicklung ist.

Im ersten Iterationsschritt des Transformator-Entwurfs ist die magnetische Feldbelastung der Supraleiter in den Wicklungen zu schätzen um die Anzahl der parallelen Bandleiter zu wählen. In den weiteren Iterationsschritten liegt für die Wahl der Anzahl der parallelen Leiter als Näherung der maximalen Feldbelastung die Berechnung aus dem vorigen Iterationsschritt vor.

Im weiteren Verlauf des Transformator-Entwurfs wird die Wicklungs-Geometrie festgelegt und die Feldbelastung berechnet. Im Anschluss wird der mit der Anzahl der Bandleiter ermittelte kritische Strom der Wicklungen geprüft.

Arbeitsschritt 5: Wahl der Lagen-Anzahl und Berechnung der Isolationsabstände und Abmessungen

Nachdem die Anzahl der Windungen und die Anzahl der parallel geschalteten Bandleiter festgelegt sind, muss entschieden werden, wie die Leiter in den Wicklungen angeordnet werden. Möglich sind eine Ausführung als Lagen- oder Scheibenwicklung. Die in jeder Windung parallel geschalteten Bandleiter können in einem Stapel oder in mehreren Stapeln nebeneinander gewickelt werden. Im Folgenden wird nur eine Ausführung als Lagenwicklung betrachtet.

Bei der Konstruktion der Wicklungen können die Windungen auf wenige oder viele Lagen verteilt gewickelt werden. Hieraus ergibt sich das Fensterverhältnis (Verhältnis zwischen Fensterhöhe und Fensterbreite, siehe Gl. (4.51)). Das Fensterverhältnis hat Einfluss auf die Optimierungsgrößen. Daher ist es günstig, verschiedene Fälle durchzurechnen und aus dieser Auswahl den Entwurf zu verfolgen, für den die vorgegebene Optimierungsgröße minimal ist. Einschränkungen sind hier Begrenzungen der äußeren Abmessungen, Vorgaben bezüglich der Streuinduktivität oder eine vorgegebene obere Grenze der Feldstärke im Wicklungsraum.

Im Weiteren wird eine detaillierte Konstruktion des Transformators durchgeführt. Hierbei sind folgende Aspekte zu berücksichtigen:

- **Hochspannungsisolation**

- **Mechanische Stabilität** der YBCO-Bandleiter und des Konstruktionsmaterials. Insbesondere beim Warm- und Kaltfahren sowie im Kurzschlussfall.

- **Auslegung der Kühlkanäle** für eine hinreichende Kühlung der Supraleiter während des Normalbetriebs und einer Rückkühlung.

Für die Berücksichtigung dieser Aspekte sei hier auf weiterführende Literatur der entsprechenden Fachgebiete verwiesen [Küc96], [GF07], [SDK07], [VDI06], [Fis99].

Zur Kontaktierung der Supraleiter für die Stromeinkopplung und für Verbinder zwischen Lagen oder Scheiben der Wicklung sind Verbinder zu berücksichtigen. In Tab. 4.8 sind die Hauptausgabewerte der Konstruktion des Transformators aufgeführt. Diese werden in den weiteren Arbeitsschritten zur Berechnung der elektrischen Eigenschaften des Transformators verwendet.

Tab. 4.8:   Hauptausgabewerte der Konstruktion des Transformators (vgl. Abb. 4.1)

Anzahl der Lagen OS / US	$n_{\mathrm{Lage,os}} / n_{\mathrm{Lage,os}}$	Abstand US-Wicklung - mittlerer Kernschenkel	a_{i}
Abstand der Lagen OS / US	$a_{\mathrm{Lage,os}} / a_{\mathrm{Lage,us}}$	Abstand OS-Wicklung - äußerer Kernschenkel	a_{a}
Abstand Wicklungen - Joch	a_{h}	Fensterhöhe und Fensterbreite	$h_{\mathrm{F}} / b_{\mathrm{F}}$
Abstand zwischen den Wicklungen	a_{w}	Leiterlänge OS / US	$\ell_{\mathrm{os}} / \ell_{\mathrm{us}}$

Arbeitsschritt 6: Berechnung der elektrischen Eigenschaften und Bemessung der Bandleiter für die Strombegrenzung und die Rückkühlung unter Laststrom

Nachdem der konstruktive Transformator-Entwurf erfolgt ist, können die erzielten elektrischen Eigenschaften berechnet werden. Im Folgenden sind die Gleichungen zu deren Berechnung aufgeführt.

Kritischer Strom der Wicklungen

$$I_{c,os} \geq I_{r,os} \quad \text{und} \quad I_{c,us} \geq I_{r,us} \tag{4.73}$$

Nachdem der konstruktive Entwurf des Transformators erfolgt ist, kann mittels des in Kapitel 4.2.4 beschriebenen Verfahrens zur Berechnung der magnetischen Feldstärke im Wicklungsraum (Gleichungen (4.14) bis (4.24)) die maximale Feldbelastung der YBCO-Bandleiter im Wicklungsraum getrennt nach radialer- und axialer Feldkomponente berechnet werden.

Ausgehend von der maximalen Feldbelastung wird der tatsächlich erzielte kritische Strom der Wicklungen $I_{c,os}$ und $I_{c,us}$ bestimmt. Hierbei ist die Anisotropie des kritischen Stroms von YBCO-Bandleitern zu beachten.

Streuinduktivität und relative Kurzschlussspannung

Zur Berechnung der relativen Kurzschlussspannung ist zunächst die Streuinduktivität des Transformators zu berechnen. Hierfür wird der Feldverlauf im Wicklungsraum wie in Abb. 2.6 dargestellt approximiert. Hiervon ausgehend wird die Streuinduktivität anhand folgender Näherung berechnet [Fla93], [Lei06]:

$$L_\sigma = \frac{2\pi \cdot \mu_0 \cdot w_{os}^2}{h_w} \cdot \left(\frac{r_{us} \cdot b_{us}}{3} + r_{Spalt} \cdot a_w + \frac{r_{os} \cdot b_{os}}{3} \right) \quad \text{(vgl. (2.10)).} \tag{4.74}$$

Es sind w_{os} die Windungszahl der OS-Wicklung, h_w die Höhe der Wicklungen, b_{os} und b_{us} die Breite der OS- und US-Wicklung, a_w der Abstand der Wicklungen (Breite des Streuspalts) und

$$r_{os} = \frac{d_{Fe}}{2} + a_i + \frac{b_{us}}{2} + a_w + \frac{b_{os}}{2}, \; r_{us} = \frac{d_{Fe}}{2} + a_i + \frac{b_{us}}{2} \; \text{und} \; r_{Spalt} = \frac{d_{Fe}}{2} + a_i + \frac{b_{us}}{2} + a_w \tag{4.75}$$

die mittleren Radien der OS- und US-Wicklung und des Streuspaltes.

Da die Wicklungswiderstände bei supraleitenden Transformatoren vernachlässigt werden können, kann die relative Kurzschlussspannung wie folgt berechnet werden.

$$u_k = 100 \cdot \frac{2\pi f \cdot L_\sigma \cdot I_{os}}{U_{os}} \tag{4.76}$$

Strombegrenzung und Rückkühlung

Die hier aufgeführten Gleichungen beziehen sich zur Vereinfachung nur auf eine supraleitende Wicklung mit einem einzelnen Bandleiter. Der Einfluss der zweiten Wicklung des Transformators wird in dieser Darstellung vernachlässigt. Beim Entwurf eines Transformators, dessen OS- und US Wicklung supraleitend sind, ist entsprechend der Einfluss beider Wicklungen zu berücksichtigen. Sind in einer Wicklung mehrere Bandleiter parallel geschaltet, so muss dies in den Gleichungen zur Berechnung ebenso berücksichtigt werden.

Zuerst wird die maximal zulässige Temperatur der Wicklungen $T_{\mathrm{W,max}}$ festgelegt. Die hierbei zu berücksichtigenden Randbedingungen sind die in Kapitel 2.1 beschriebene maximale thermische Belastbarkeit der Bandleiter, die maximale thermische Belastbarkeit des mechanischen Stützmaterials in den Wicklungen sowie Einschränkungen der Maximaltemperatur für eine schnelle Rückkühlung nach einer Strombegrenzung.

Im Anschluss werden die während einer Strombegrenzung und Rückkühlung einzuhaltenden Widerstandswerte der Bandleiter im normalleitenden Zustand bestimmt. Die Berechnung erfolgt anhand der im Folgenden aufgeführten Gleichungen. Die Herleitung der Gleichungen ist in Kapitel 4.3 ausführlich beschrieben. Diese Widerstandswerte sind der minimale Widerstand

$$R_{\mathrm{SL,min}}\left(77\,\mathrm{K}\right) = \frac{\sqrt{2}\cdot U_{\mathrm{os,0}}}{i_{\mathrm{p,lim}}} - Z_{\mathrm{i}} - X_{\sigma} \ \ (\text{vgl. Gl. (4.26))}, \tag{4.77}$$

der maximale Widerstand

$$R_{\mathrm{SL,max}}\left(T_{\mathrm{W,max}}\right) = min\left\{ \frac{\sqrt{2}\cdot U_{\mathrm{os,0}}}{i_{\mathrm{lim,min}}} - Z_{\mathrm{i}} - X_{\sigma}\,;\, \frac{U_{\mathrm{os,0}} - U'_{\mathrm{us,min}}}{I_{\mathrm{rec}}} - Z_{\mathrm{i}} - X_{\sigma} \right\} \ \ (\text{vgl. (4.27), (4.28))}, \tag{4.78}$$

und der maximale Widerstandsbelag $R'_{\mathrm{SL,max}}(T_{\mathrm{W,max}})$ der Bandleiter

$$R'_{\mathrm{SL,max}}\left(T_{\mathrm{W,max}}\right) = \frac{\dot{q}_{\mathrm{w}}\left(T_{\mathrm{W,max}}\right)\cdot 2\cdot b_{\mathrm{SL}}}{I_{\mathrm{rec}}^{2}\left(T_{\mathrm{W,max}}\right)} \ \ (\text{vgl. Gl. (4.29))}. \tag{4.79}$$

Hierbei sind $U_{\mathrm{os,0}}$ die Leerlaufspannung der Quelle, $i_{\mathrm{p,lim}}$ der begrenzt prospektive Kurzschlussstrom, Z_{i} der Innenwiderstand der Quelle und X_{σ} die Streureaktanz des Transformators, $i_{\mathrm{lim,min}}$ der minimale Kurzschlussstrom, $U'_{\mathrm{us,min}}$ die minimale Ausgangsspannung des Transformators, I_{rec} der maximale Rückkühlstrom, $\dot{q}_{\mathrm{w}}$ der Effektivwert des abgeführten spezifischen Wärmeflusses und b_{SL} die Breite der Bandleiter.

Ausgehend von diesen Widerstandswerten werden die Bandleiter dimensioniert. Die Bandleiterlänge ℓ wurde bei der Konstruktion des Transformators in Arbeitsschritt 5 bereits festgelegt. Die Dimensionierung erfolgt daher durch Anpassung der frei wählbaren Schichtdicke der Stabilisierung (Schichtdicke der Kupferschicht h_{Cu}). Diese ist so zu wählen, dass folgende vier Bedingungen eingehalten werden:

(1) $R_{\mathrm{SL}}(77\,\mathrm{K}) > R_{\mathrm{SL,min}}$

(2) $T_{\mathrm{max}}(t_{\mathrm{b}}) < T_{\mathrm{W,max}}$

(3) $R_{\mathrm{SL}}(T_{\mathrm{W,max}}) < R_{\mathrm{SL,max}}$

(4) $R'_{\mathrm{SL}}(T_{\mathrm{W,max}}) < R'_{\mathrm{SL,max}}$

Die Einhaltung der Bedingungen (1) und (3) wird anhand Gleichung

$$R_{\mathrm{SL}}(T) = \frac{\ell}{b_{\mathrm{SL}} \cdot \left(\dfrac{h_{\mathrm{Ag}}}{\rho_{\mathrm{Ag}}(T)} + \dfrac{h_{\mathrm{Cu}}}{\rho_{\mathrm{Cu}}(T)} + \dfrac{h_{\mathrm{YBCO}}}{\rho_{\mathrm{YBCO}}(T)} + \dfrac{h_{\mathrm{Hs}}}{\rho_{\mathrm{Hs}}(T)} \right)} \quad \text{(vgl. Gl. (2.1))} \tag{4.80}$$

geprüft. Die Einhaltung der Bedingung **(2)** wird anhand Gleichung

$$T_{\max} = 77\,\mathrm{K} + \int_0^{t_k} \frac{U_{0,\mathrm{os}}^2}{c_{\mathrm{p}}(T(t))} \cdot \frac{R_{\mathrm{SL}}(T(t))}{\left(R_{\mathrm{SL}}(T(t)) + Z_{\mathrm{i}} + X_\sigma \right)^2} \, \mathrm{d}t \quad \text{(vgl. Gl. (2.14))} \tag{4.81}$$

geprüft (die Lösung dieses Integrals muss aufgrund der nichtlinearen, temperaturabhängigen Materialeigenschaften numerisch erfolgen). Und die Einhaltung von Bedingung **(4)** wird anhand Gleichung

$$R'_{\mathrm{SL}}(T) = \frac{1}{b_{\mathrm{SL}} \cdot \left(\dfrac{h_{\mathrm{Ag}}}{\rho_{\mathrm{Ag}}(T)} + \dfrac{h_{\mathrm{Cu}}}{\rho_{\mathrm{Cu}}(T)} + \dfrac{h_{\mathrm{YBCO}}}{\rho_{\mathrm{YBCO}}(T)} + \dfrac{h_{\mathrm{Hs}}}{\rho_{\mathrm{Hs}}(T)} \right)} \quad \text{(vgl. Gl. (2.1))} \tag{4.82}$$

geprüft. Hierin sind ℓ die Länge und b_{SL} die Breite der Bandleiter, h_{Ag}, h_{Cu}, h_{YBCO} und h_{Hs} die Schichtdicken und ρ_{Hs}, ρ_{YBCO}, ρ_{Ag} und ρ_{Cu} die spezifischen Widerstände der verwendeten Werkstoffe. Darüber hinaus sind $U_{0,\mathrm{os}}$ die Leerlaufspannung der Quelle, c_{p} die Wärmekapazität des Bandleiters, $T(t)$ der zeitliche Verlauf der Temperatur, R_{SL} der Bandleiterwiderstand, Z_{i} der Innenwiderstand der Quelle und X_σ die Streuinduktivität des Transformators.

Sollte für die gewählte Bandleiterlänge ℓ keine Lösung existieren, mit der alle der Bedingungen erfüllt werden, so muss der Entwurf ab Arbeitsschritt 2 wiederholt und die Windungsspannung neu gewählt werden. Die Windungsspannung ist in diesem Fall so anzupassen, dass eine Leiterlänge erreicht wird, mit der die Vorgabewerte erzielt werden. Dies stellt eine Einschränkung bei der Wahl der Windungsspannung dar und kann hierdurch die Optimierung des Transformators einschränken.

Hauptinduktivität und Leerlaufstrom

Die Hauptinduktivität des Transformators wird anhand der Gleichung

$$L_{\mathrm{H}} = \mu_0 \cdot \mu_{\mathrm{r}} \cdot w_{\mathrm{os}}^2 \cdot \frac{A_{\mathrm{Fe,eff}}}{\ell_{\mathrm{Fe}}} \quad \text{(vgl. Gl. (2.9))} \tag{4.83}$$

berechnet [Geo09]. Hierbei sind μ_{r} die Permeabilität des Kernwerkstoffes, w_{os} die Windungszahl der OS-Wicklung, A_{Fe} die effektiv wirksame Querschnittsfläche des Eisenkerns nach Gl. (4.48) und ℓ_{Fe} die effektive Eisenkreislänge nach Gl. (4.50) (vgl. Abb. 4.2). In dieser Gleichung wird die Windungszahl der OS-Wicklung w_{os} eingesetzt, wodurch der Betrag der Hauptinduktivität auf die Spannungsebene der Oberspannungsseite bezogen ist. Zur Berechnung des Leerlaufstroms I_0

kann vereinfacht die Parallelschaltung der Hauptinduktivität L_H und dem Widerstand des Eisenkerns R_{Fe} (siehe (4.5)) angesetzt werden (siehe Abb. 2.7)

$$I_0 = U_{os}^2 \left(\frac{1}{\omega L_H} + \frac{1}{R_{Fe}} \right).$$ (4.84)

Verlustleistung

Die Verluste des supraleitenden Transformators setzen sich zusammen aus den Verlusten des Eisenkerns P_{Fe} (siehe (4.4)), den Wechselstromverlusten der Supraleiter P_{AC} (siehe (4.10)), den Verlusten durch die Stromzuführungen P_{SZF} (siehe (4.9)) und den Verlusten durch die Kryostatwände P_{KW} (siehe (4.7)). Die Kältemaschine wird durch ihren Wirkungsgrad η_{KM} berücksichtigt. Der Kehrwert des Wirkungsgrades wird mit allen im Kalten anfallenden Verlusten multipliziert. Die Gesamtverlustleistung eines Transformators mit warmem Eisenkern kann in Abhängigkeit der Belastung nach

$$P_{v,T}(I) = P_{Fe} + \left(P_{AC}(I) + P_{SZF}(I) + P_{KW} \right) \cdot \frac{1}{\eta_{KM}}$$ (siehe Gl. (4.3)) (4.85)

berechnet werden. Für den Transformator-Entwurf ist die Verlustleistung im Leerlauf und im Nennlastbetrieb von Interesse. Die Berechnung der einzelnen Komponenten in dieser Gleichung ist in Kapitel 4.2 ausführlich beschrieben.

Arbeitsschritt 7: Prüfen der Einhaltung der Vorgabewerte

Nachdem die elektrischen Eigenschaften des Transformators bestimmt sind kann nun geprüft werden, ob alle Vorgabewerte eingehalten wurden.

Ist der kritische Strom der Wicklungen I_c geringer als deren Bemessungsstrom I_r, so ist der Entwurf ab Arbeitsschritt 4 zu wiederholen und die Anzahl der parallel geschalteten Bandleiter zu erhöhen.

Weicht die relative Kurzschlussspannung vom Vorgabewert ab, so ist der Entwurf ab Arbeitsschritt 5 zu wiederholen und die Wicklungsgeometrie durch Veränderung der Anzahl der Lagen oder durch Veränderung der Isolationsabstände entsprechend anzupassen. Sollte der Vorgabewert hierdurch nicht zu erreichen sein, so ist der Entwurf ab Arbeitsschritt 2 zu wiederholen und die Windungsspannung entsprechend zu verändern. Dies kann zu Einschränkungen bei der Optimierung des Transformators führen, weil die Windungsspannung hierfür nicht mehr frei gewählt werden kann.

Weichen der begrenzt prospektive Kurzschlussstrom, $i_{p,lim}$, der minimale Kurzschlussstrom $i_{lim,min}$, die minimale Ausgangsspannung während der Rückkühlung $U_{us,min}$ oder der maximale Rückkühlstrom I_{rec} von den Vorgabewerten ab, so ist der Entwurf ab Arbeitsschritt 5 zu wiederholen und der Widerstandsbelag durch Verändern der Schichtdicke der Bandleiter anzupassen. Sollte hierdurch keine Lösung erzielt werden, so ist die Länge der Bandleiter entsprechen anzupassen. Dies erfolgt durch Wiederholung des Entwurfs ab Arbeitsschritt 2 mit einer Anpassung der Windungsspannung. Auch hierdurch kann es zu Einschränkungen bei der Optimierung des Transformators führen, weil die Windungsspannung hierfür nicht mehr frei gewählt werden kann.

Arbeitsschritt 8: Berechnung der Windungsspannung für optimierten Entwurf

Bis zu diesem Arbeitsschritt erfolgte ein vollständiger konstruktiver Entwurf eines supraleitenden Transformators. Die Abmessungen und Parameter des Transformator-Entwurfs können nun für die Transformator-Optimierung verwendet werden.

In diesem Entwurfsgang erfolgt die Optimierung nach dem in Kapitel 4.4 beschrieben Verfahren durch Berechnung der Windungsspannung. Jede der Optimierungsgrößen weist für einen bestimmten Wert der Windungsspannung ein Minimum auf. Dieses Minimum wird durch einfache Kurvendiskussion bestimmt. Hierzu wurde für jede Optimierungsgröße (Volumen, Gewicht, Verluste und Materialkosten) eine analytische Gleichung hergeleitet, mit der der Betrag der Optimierungsgrößen in Abhängigkeit der Windungsspannung berechnet werden kann. Diese Gleichungen wurden abgeleitet und gleich Null gesetzt. Zur Minimierung ist der Betrag der Windungsspannung zu ermitteln, für den diese Gleichungen erfüllt sind. Der so ermittelte Wert der Windungsspannung wird in der nächsten Iteration des Transformator-Entwurfs als Windungsspannung für den nächsten Entwurf gewählt. Darüber hinaus sind in Kapitel 4.4.1 für die weiteren Parameter des Transformatorentwurfs Richtlinien für die Parameterwahl angegeben.

Zur Optimierung ist je nach vorgegebener Optimierungsgröße eine der Gleichungen (4.86) bis (4.89) auszuwählen. Zur Lösung der gewählten Gleichung sind in die Parameter die Kennwerte des vorliegenden Transformator-Entwurfs einzusetzen. Der ermittelte Wert der Windungsspannung ist im nächsten Iterationsschritt in Arbeitsschritt 1 für den nächsten Transformator-Entwurf zu verwenden.

Optimierung nach Volumen

$$0 = 3 \cdot a_\mathrm{V}^{\frac{3}{2}} \cdot d_\mathrm{V} \cdot u_\mathrm{w}^{3} + a_\mathrm{V} \cdot \sqrt{b_\mathrm{V}} \cdot c_\mathrm{V} \cdot u_\mathrm{w}^{2} - \sqrt{a_\mathrm{V}} \cdot b_\mathrm{V} \cdot e_\mathrm{V} \cdot u_\mathrm{w} - 3 \cdot f_\mathrm{V} \cdot b_\mathrm{V}^{\frac{3}{2}} \quad \text{(siehe (4.57))} \quad (4.86)$$

Die Parameter dieser Gleichung sind in Tab. 4.3 aufgeführt.

Optimierung nach Gewicht

$$0 = 3 \cdot a_\mathrm{m}^{\frac{3}{2}} \cdot d_\mathrm{m} \cdot u_\mathrm{w}^{3} + a_\mathrm{m} \cdot \sqrt{b_\mathrm{m}} \cdot c_\mathrm{m} u_\mathrm{w}^{2} - \sqrt{a_\mathrm{m}} \cdot b_\mathrm{m} \cdot e_\mathrm{m} \cdot u_\mathrm{w} - 3 \cdot f_\mathrm{m} \cdot b_\mathrm{m}^{\frac{3}{2}} \quad \text{(siehe (4.60))} \quad (4.87)$$

Die Parameter dieser Gleichung sind in Tab. 4.4 aufgeführt.

Optimierung nach Verlustleistung

$$0 = \frac{1}{2}c_v \cdot a_v \cdot b_v^{\frac{1}{2}} \cdot u_w^{-\frac{1}{2}} + \frac{3}{2}d_v \cdot a_v \cdot u_w^{\frac{1}{2}} - e_v \cdot u_w^{-2} \quad \text{(siehe Gl. (4.64))} \qquad (4.88)$$

Die Parameter dieser Gleichung sind in Tab. 4.5 aufgeführt.

Optimierung nach Materialkosten

$$0 = 3 \cdot d_k \cdot a_k^{\frac{3}{2}} \cdot \left(u_w\right) + c_k \cdot a_k \cdot \sqrt{b_k} - 2 \cdot e_k \cdot \left(u_w\right)^{-\frac{3}{2}} \quad \text{(siehe Gl. (4.68))} \qquad (4.89)$$

Die Parameter dieser Gleichung sind in Tab. 4.6 aufgeführt.

Es ist möglich, dass die Wahl der Windungsspannung für den nächsten Iterationsschritt mit Einschränkungen erfolgt. Einschränkungen können entweder Vorgaben zur Einhaltung der relativen Kurzschlussspannung in Arbeitsschritt 5 oder Vorgaben zur Einhaltung der strombegrenzenden Eigenschaften in Arbeitsschritt 7 sein. Im Fall einer eingeschränkten Wahl ist in Arbeitsschritt 2 nicht der berechnete Wert der Windungsspannung zur Minimierung der gewählten Optimierungsgröße zu wählen, sondern ein Wert, bei dem alle Vorgabewerte eingehalten werden.

Arbeitsschritt 9: Prüfen der Optimierung

In Arbeitsschritt 9 ist zu prüfen, ob die gewählte Optimierungsgröße minimiert ist und die Iteration abgebrochen werden kann. Dies ist der Fall, wenn die Ausgabewerte der gewählten Optimierungsgröße zwischen zwei Iterationen nur noch minimal voneinander abweichen. In diesem Fall gilt die gewählte Optimierungsgröße als minimiert. Zur Kontrolle der Abbruchbedingung ist ein Vergleich der erzielten Werte der Optimierungsgrößen zwischen den Iterationsschritten nützlich.

Arbeitsschritt 10: Ausgabewerte des Transformator-Entwurfs

Nach der Transformator-Optimierung liegt ein detaillierter, optimierter Transformator-Entwurf vor. In Tab. 4.9 sind die Hauptausgabegrößen aufgelistet, die hierbei ermittelt wurden. Wurde der konstruktive Teil des Entwurfs detailliert vorgenommen (beispielsweise mit Hilfe eines CAD-Programms), so sind darüber hinaus zahlreiche Abmessungen für die Konstruktion des Transformators bestimmt.

Tab. 4.9:   Hauptausgabegrößen des Transformator-Entwurfs

Nennleistung	S_N	Gesamthöhe	h_T
Nennspannungen	U_{os} / U_{us}	Gesamtbreite	b_T
Nennströme	I_{os} / I_{us}	Gesamtlänge	ℓ_T
Frequenz	f	Bemessungsstrom	I_r
rel. Kurzschlussspannung	u_k	Prospektiver begrenzter Kurzschlussstrom	$i_{p,lim}$
Transformator-Volumen	V_T	Minimaler begrenzter Kurzschlussstrom	$i_{lim,min}$
Transformator-Gewicht	m_T	Maximaltemperatur der Wicklung	T_{max}
Transformator-Verlustleistung	$P_{v,T}$	Minimale Ausgangsspannung US-Wicklung	$U_{us,min}$
Materialkosten	K_T	Benötigte Gesamtlänge der YBCO-Bandleiter	ℓ_{ges}

4.6 Zusammenfassung

In diesem Kapitel wurde ein im Rahmen dieser Arbeit entwickelter Entwurfsgang für supraleitende Transformatoren vorgestellt. Folgende Berechnungsverfahren wurden für die Erstellung des Entwurfsgangs entwickelt:

- Verfahren zur Berechnung der Wechselstromverluste von YBCO-Bandleitern in Transformator-Wicklungen

- Rechengang zur Berechnung der Gesamtverluste supraleitender Transformatoren, insbesondere der Wechselstromverluste der Supraleiter

- Verfahren zur Dimensionierung von YBCO-Bandleitern in supraleitenden Transformatoren zur Einhaltung der Vorgabewerte zur Strombegrenzung und Rückkühlung

- Verfahren zur Optimierung von Transformatoren nach verschiedenen Größen durch Berechnung der Windungsspannung

Der entwickelte Entwurfsgang ermöglicht somit den systematischen Entwurf optimierter supraleitender Transformatoren unter Vorgabe der Nennleistung, der Spannungsebenen, der relativen Kurzschlussspannung und bestimmter strombegrenzender Eigenschaften.

5 Aufbau und Test eines supraleitenden, aktiv strombegrenzenden 60 kVA Transformators

In diesem Kapitel werden Spezifikation, Entwurf, und Test eines supraleitenden Transformators beschrieben. Ziel dieser Untersuchungen war es, das in Kapitel 2.2 beschriebene Prinzip der resistiven Kurzschlussstrom-Begrenzung mit supraleitenden Transformatoren zu demonstrieren und die in Kapitel 4.3 eingeführten Gleichungen zur Berechnung der Strombegrenzung und der anschließenden Rückkühlung unter Laststrom supraleitender Transformatoren zu verifizieren. Zu diesem Zweck wurde im Rahmen der vorliegenden Arbeit ein supraleitender Transformator als Labor-Demonstrator spezifiziert, entworfen, gebaut und getestet. Die Spezifikationen, der Transformator-Entwurf und die mit dem gebauten Transformator im Labor gewonnenen Messergebnisse werden im Folgenden dargestellt.

Das Rückkühlverhalten supraleitender Transformatoren nach einer Strombegrenzung wurde bisher nur in Japan untersucht [KIH08]. Dort konnte jedoch nicht die vollständige Rückkühlung unter Nennstrom demonstriert werden.

5.1 Spezifikation

Im Folgenden wird ein Szenario beschrieben, aus dem wesentliche Spezifikationen für den Demonstrator abgeleitet wurden. In Abb. 5.1 ist das Schaltbild dargestellt. Ein Netz speist über den supraleitenden Transformator eine Sammelschiene mit mehreren Abgängen. Im Falle eines Kurzschlusses, in einem der Abgänge, begrenzt der supraleitende Transformator den Kurzschlussstrom, bis der fehlerhafte Abgang durch einen Leistungsschalter vom Netz getrennt wird. Nach einem solchen Ereignis sollen die anderen Abgänge unterbrechungsfrei weiter versorgt werden. Der supraleitende Transformator soll somit nach einer Strombegrenzung unter Laststrom rückkühlen.

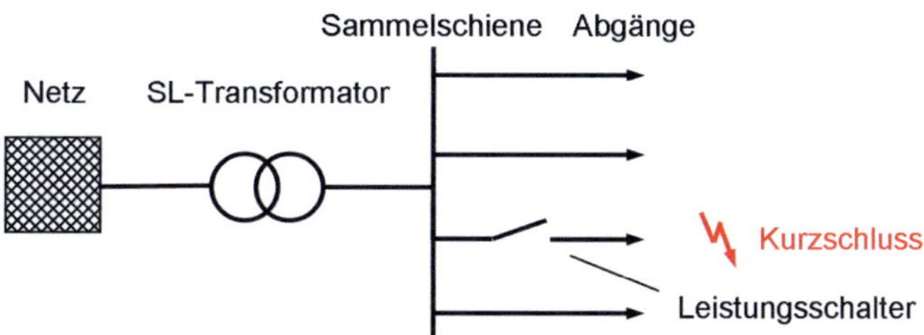

Abb. 5.1:   Schaltbild zur Spezifikation des supraleitenden Transformators.

In elektrischen Energienetzen können Kurzschlussströme das 10- bis 20-fache des Nennstroms übersteigen [RDB74]. Alle von einem Kurzschlussstrom durchflossenen Komponenten müssen so ausgelegt sein, dass sie diesem unbeschadet standhalten. Eine Kurzschlussstrom-Begrenzung durch supraleitende Transformatoren kann dafür genutzt werden, sehr hohe Kurzschlussströme auf ein geringeres Maß zu reduzieren. Hierdurch können die betroffenen Betriebsmittel auf einen geringeren Kurzschlussstrom ausgelegt werden, wodurch Investitionskosten eingespart werden. Der Kurzschlussstrom muss hierbei so hoch bleiben, dass die Schutztechnik den Kurzschlussstrom noch detektiert und den Abgang abschaltet. Eine sinnvolle Größenordnung für den Einsatz supraleitender Transformatoren ist die Reduktion von Kurzschlussströmen vom 20-fachen auf den 10-fachen Nennstrom.

Im Folgenden werden die Versuchseinrichtung und der Demonstrator spezifiziert. Die Nennleistung des Demonstrators wurde mit 60 kVA vorgegeben. Um die Versuche in einer Niederspannungs-Versuchsanlage durchführen zu können, wurden die Spannungen an der OS-Wicklung mit 1000 V und an der US-Wicklung mit 600 V vorgegeben. Hieraus ergeben sich die Nennströme zu 60 A in der OS- und 100 A in der US-Wicklung. Ausgehend von diesen Werten wurden die zu erzielenden Kurzschlussströme berechnet. Hierzu wurde das in Abb. 5.2 dargestellte Ersatzschaltbild zugrundegelegt.

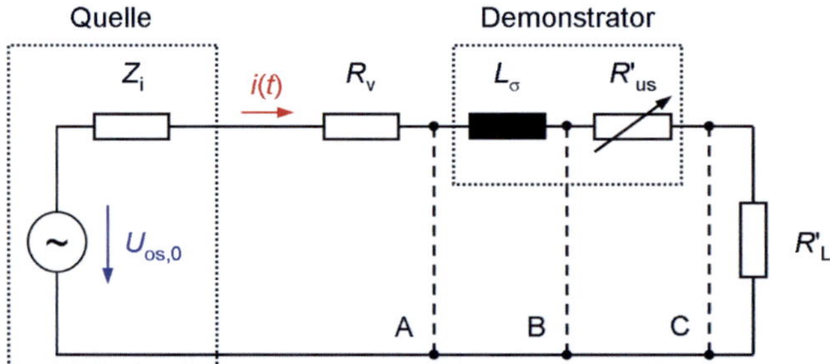

Abb. 5.2: Ersatzschaltbild zur Berechnung der Widerstände der Strombegrenzung und Rückkühlung. Kurzschlusspfad A: Berechnung des prospektiven Kurzschlussstroms des Netzes $i_{p,Netz}$. Kurzschlusspfad B: Berechnung des prospektiven Kurzschlussstroms i_p. Kurzschlusspfad C: Berechnung des begrenzt prospektiven Kurzschlussstroms $i_{p,lim}$.

Im Versuchsaufbau soll der prospektive Kurzschlussstrom des Netzes $i_{p,Netz}$ das 20-fache des Nennstroms betragen. Dies entspricht $i_{p,Netz} = 20 \cdot \sqrt{2} \cdot I_{os} = 1697\ \text{A}$ im symbolisch gekennzeichneten Kurzschlusspfad A. Um diesen Wert in den Messungen einzustellen, wurde der Vorwiderstand R_v eingeführt.

Zielsetzung für den Demonstrator war es, den prospektiven Kurzschlussstrom des Netzes $i_{p,Netz}$ auf den 10-fachen Nennstrom zu begrenzen. Dies entspricht einem begrenzt prospektiven Kurzschlussstrom von $i_{p,lim} = 10 \cdot \sqrt{2} \cdot I_{os} = 849\ \text{A}$ in Kurzschlusspfad C. Der unbegrenzt prospektive Kurzschlussstrom (ohne Widerstand der Supraleiter) i_p fließt im symbolisch gekennzeichneten Kurzschlusspfad B. Für diesen wurde kein Wert vorgegeben. Entsprechend war die relative Kurzschlussspannung des Demonstrators beim Entwurf frei wählbar. Die Bemessungs-Ausschaltzeit wurde mit $t_b = 60$ ms vorgegeben. Dieser Wert liegt in der Größenordnung der Dauer, die ein Leistungsschalter benötigt um einen Kurzschlussstrom abzuschalten. Als Maximaltemperatur der supraleitenden Wicklungen nach einer Strombegrenzung wurde ein Wert von $T_{max} = 200$ K vorgegeben. Zielsetzung für die Rückkühlung nach einer Strombegrenzung war, dass der Demonstrator nach einer Strombegrenzung auch unter Nennstrom rückkühlt (daraus folgt $I_{us,rec} = 100$ A). Weiterhin soll die Ausgangsspannung U_{us} während des Rückkühlens nicht unter 85 % der Nennspannung abfallen ($U_{us,min} = 510$ V).

Für den Entwurf des Demonstrators wurde keine Optimierung nach Volumen, Gewicht, Verlustleistung oder Kosten vorgegeben. Das Hauptinteresse lag in der Untersuchung der Strombegrenzung und der Rückkühlung. In Tab. 5.1 sind die Vorgabewerte für den Entwurf des Demonstrators angegeben.

Tab. 5.1: Vorgabewerte für den Entwurf des Demonstrators

Nennleistung S_N	60 kVA	Bemessungsstrom $I_{r,us}$	155 A$_{peak}$
Ober- und Unterspannung U_{os} / U_{us}	1000 V / 600 V	Prospektiv begr. Kurzschlussstr. $i_{p,lim}$ (US-Ebene)	1415 A$_{peak}$
Frequenz f	50 Hz	Minimal begrenzter Kurzschlussstrom $i_{lim,min}$	-
rel. Kurzschlussspannung u_k	-	Bemessungs-Ausschaltzeit t_b	60 ms
Optimierungsgröße V_T / m_T / $P_{v,T}$ / K_T	-	Maximaler Rückkühlstrom I_{rec}	100 A
Leerlaufspannung der Quelle $U_{os,0}$	1000 V	Minimale Ausgangsspannung $U_{us,min}$	> 510 V
Netzinnenwiderstand $R_v + Z_i$	(306+i246) mΩ	Maximaltemperatur T_{max}	200 K

5.2 Entwurf

Der Demonstrator wurde für den Betrieb in Labor-Bedingungen entworfen und für die Untersuchung der Strombegrenzung und Rückkühlung ausgelegt. Um den Aufwand für die Konstruktion gering zu halten, wurde er als Einphasen-Mantel-Transformator mit kaltem Eisenkern realisiert. In Abb. 5.3 sind die einzelnen Komponenten des Transformators ohne das Joch des Eisenkerns dargestellt. Die einphasige Ausführung des Demonstrators erspart den Aufwand für drei separate Wicklungen, und durch die Ausführung mit kaltem Eisenkern wurde auf die aufwändige Konstruktion eines Kryostaten für die Wicklungen verzichtet. Für die einfache Handhabung im Laborbetrieb ist das Joch des Eisenkerns abnehmbar. Um die Kosten gering zu halten, wurde nur die zweilagige US-Wicklung supraleitend ausgeführt. Die einlagige OS-Wicklung wurde mit Kupferleiter gewickelt. Als Träger der Wicklungen wurden GFK-

Zylinder verwendet, in die eine Führung eingefräst wurde. Die Supraleiter wurden in diese Führung eingebracht, wodurch sie mechanisch fixiert und elektrisch isoliert sind.

Abb. 5.3:   Komponenten des 60 kVA Transformator-Demonstrators. Links: Supraleitende US-Wicklung (60 Wdg. auf zwei Lagen). Mitte: Eisenkern ohne Joch. Rechts: Normalleitende OS-Wicklung (100 Wdg. auf einer Lage).

Als Supraleiter in der US-Wicklung wurden 12 mm breite YBCO-Bandleiter mit einem kritischen Strom von 246 A im Eigenfeld und einer zusätzlichen Kupfer-Stabilisierung verwendet. Diese sind auf zwei Lagen mit je 30 Windungen aufgewickelt. Die US-Wicklung hat somit 60 Windungen. Zur Stromeinkopplung in die YBCO-Bandleiter wurden Kupfer-Supraleiter-Kontakte in die Wickelzylinder eingebracht, auf welche die YBCO-Bandleiter aufgelötet wurden. Dies ermöglicht es, die Wicklung durch Steckverbinder zu kontaktieren. Die Gesamtlänge der YBCO-Bandleiter beträgt 47 m.

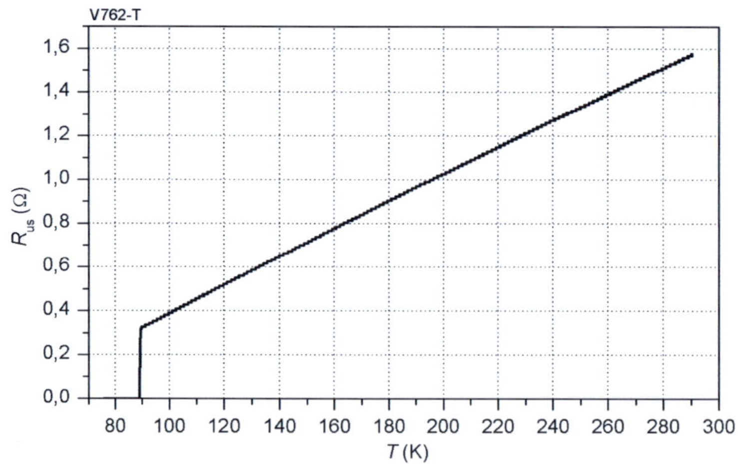

Abb. 5.4:   Widerstand der US-Wicklung in Abhängigkeit von der Temperatur

In Abb. 5.4 ist der Widerstand der US-Wicklung in Abhängigkeit von der Temperatur aufgetragen. Unterhalb von 89 K sind die YBCO-Bandleiter im supraleitenden Zustand. Dieser Verlauf wurde an einer Kurzprobe des verwendeten Bandleiters mittels der im Anhang A.2 beschriebenen Probenhalterung messtechnisch ermittelt und auf die Leiterlänge in der Wicklung hochgerechnet. Der errechnete Widerstandswert bei Raumtemperatur stimmt mit dem an den Anschlussklemmen gemessenen Widerstandswert überein.

Die normalleitende OS-Wicklung hat 100 Windungen und wurde aus handelsüblichem lackisoliertem Kupferleiter mit den Abmessungen 4 x 3 mm gewickelt. Die Querschnittsfläche beträgt 12 mm^2. Die gesamte verwickelte Leiterlänge beträgt 102 m. Der elektrische Widerstand der Wicklung beträgt 18 mΩ bei einer Temperatur von 77 K.

Der Eisenkern hat ein E-I-Profil und ist aus geblechtem lackisoliertem Trafoblech der Sorte EN-VM 111-35N gefertigt. Die Bleche haben eine Dicke von 0,35 mm und eine Eisenverlustziffer von $v_{Fe} = 1,11$ W/kg bei einer Magnetisierung von 1,5 T. Die Querschnittsfläche des mittleren Kernschenkels beträgt $A_{Fe,eff} = 2,96$ dm^2. Die Magnetische Flussdichte im Eisenkern beträgt damit bei Nennspannung $\hat{B}_H = 1,5$ T. Die Fensterbreite beträgt $b_F = 75$ mm und Fensterhöhe die $h_F = 450$ mm. Die Wicklungen wurden wie in Abb. 5.5 links dargestellt auf den mittleren Kernschenkel des Eisenkerns aufgebracht und durch Distanzhalter aus GFK fixiert. Rechts in der Abbildung ist der gesamte Transformator in der Vorderansicht dargestellt. Er hat eine Höhe von 610 mm, eine Breite von 490 mm und eine Länge von 323 mm. Sein Gesamtgewicht beläuft sich auf 356 kg. Die berechnete relative Kurzschlussspannung des Demonstrators beträgt $u_k = 1,58$ %.

Abb. 5.5: Links: Draufsicht der OS-Wicklung (eine Lage) und der US-Wicklung (zwei Lagen) auf dem Eisenkern ohne Joch. Es sind die Kupfer-SL-Kontakte der Wicklungen zu sehen. Rechts: Vorderansicht des gesamten Transformators.

In Tab. 5.2 sind die Hauptausgabegrößen des Transformator-Entwurfs aufgeführt. Die mit Hochkomma gekennzeichneten Werte sind auf die Spannungsebene der US-Wicklung bezogen. Eine vollständige Auflistung der Abmessungen und Kennwerte des gesamten Demonstrators sowie der einzelnen Komponenten ist in Anhang A.5 in Tab. A.2 dokumentiert.

Tab. 5.2:   Hauptausgabewerte des Transformator-Entwurfs

Nennleistung S_N	60 kVA	Transformator Höhe h_T	610 mm
Nennspannung U_{os} / U_{us}	1000 / 600 V	Transformator Breite b_T	490 mm
Nennstrom I_{os} / I_{us}	60 / 100 A	Transformator Länge ℓ_T	323 mm
Frequenz f	50 Hz	Bemessungsstrom $I_{r,us}$ (US-Ebene)	155 A_{peak}
rel. Kurzschlussspg. u_k	1,59 %	Prospektiver Kurzschlussstrom $i_{p,lim}$ (US-Ebene)	1436 A_{peak}
Volumen V_T	73 dm^3	Min. begrenzter Kurzschlussstrom $i_{lim,min}$ (US-Ebene)	717 A_{peak}
Gewicht m_T	356 kg	Maximaltemperatur US-Wicklung T_{max}	186 K
Verlustleistung $P_{V,T}$	575 W	Minimale Ausgangsspannung US-Wicklung $U_{us,min}$	530 V (88,4 % U_{us})
Kosten K_T	-	Gesamtlänge YBCO-Bandleiter US-Wicklung ℓ_{ges}	46,97 m

Beim Entwurf des Demonstrators wurden die elektrischen Isolationsabstände sehr großzügig gewählt, um gute Flüssigkeits- und Gasströmungen des Kühlmittels während der Rückkühlung zu ermöglichen. Hierdurch ist das Volumen des Demonstrators verhältnismäßig groß. Da die Länge der YBCO-Bandleiter für die Strombegrenzung ausgelegt wurde, ist die Windungszahl gering und das Gewicht verhältnismäßig hoch. Zudem hat er verhältnismäßig hohe Verluste aufgrund der großen Eisenkern-Masse. Aus diesem Grund wird im Rahmen dieser Arbeit keine Gegenüberstellung des entworfenen Demonstrators mit einem vergleichbaren konventionellen Transformator durchgeführt. Um eine sinnvolle Gegenüberstellung durchzuführen, müsste der Demonstrator nach anderen Kriterien entworfen und optimiert werden. In dieser Arbeit war die Zielsetzung die Untersuchung der Strombegrenzung und der Rückkühlung unter Last.

5.3 Untersuchung des allgemeinen Betriebsverhaltens

Für die Messungen wurde der Demonstrator wie in Abb. 5.6 dargestellt in einen offenen Dewar eingebracht (abgehängt). Zur Kühlung wurde dieser mit flüssigem Stickstoff (auf Siedetemperatur mit $T = 77$ K) befüllt. Je nach Messung wurde die elektrische Beschaltung variiert. Die hierbei verwendeten Betriebsmittel und Messgeräte sind in Anhang A.5 aufgeführt.

Abb. 5.6:   Messaufbau für Transformator-Messungen. Links: Speisende Quelle (400 kVA Transformator). Mitte: Offener Dewar mit supraleitendem Transformator (abgehängt). Rechts: Leistungswiderstände für die Belastung des Transformators.

Bemessungsstrom

Um zu überprüfen, ob der Bemessungsstrom im supraleitenden Zustand der US-Wicklung erreicht wird, wurde an der US-Wicklung eine Messung mit Gleichstrom durchgeführt. Die Messung erfolgte ohne Eisenkern und ohne OS-Wicklung. Die US-Wicklung wurde hierzu in einem offenen Dewar fixiert, der mit flüssigem Stickstoff befüllt wurde. Bei der Messung wurde die Strombelastung schrittweise erhöht, wobei die Spannung über der Wicklung in sechs Teilspannungen über jeweils 10 Windungen gemessen wurde. Die Spannungsabgriffe zur Messung wurden mittels GFK-Leisten an den Wickelzylindern fixiert.

Für die Feststellung des supraleitenden Zustands wurde das µV-Kriterium angewendet. Demnach gilt der kritische Strom als erreicht, sobald die Feldstärke über dem Bandleiter den Wert von 1 µV/cm übersteigt. Die Teilspannungen über dem Supraleiter wurden an der äußeren Wicklung über eine Leiterlänge von jeweils 8,41 m und an der inneren Wicklung über eine Leiterlänge von 7,19 m gemessen. Entsprechend beträgt die zulässige Spannung nach dem µV-Kriterium für die äußere Wicklung 841 µV und für die innere Wicklung und 719 µV.

Bei der Messung überschritt keine der Teilspannungen bis zu einem Strom von 155 A den Wert von 10 µV. Damit ist nachgewiesen, dass der Bemessungsstrom der US-Wicklung im supraleitenden Zustand der YBCO-Bandleiter erreicht wird. Die bei dieser Messung verwendeten Messgeräte sind in Kapitel A.5 aufgeführt.

Zur Prüfung des Bemessungsstroms der OS-Wicklung wird im Folgenden berechnet, ob dieser zu einer unzulässigen Erwärmung führt. Der Scheitelwert von 155 A in der US-Wicklung entspricht einem Effektivwert von 65,8 A in der OS-Wicklung. Bei dieser Strombelastung beragen die ohmschen Verluste in der OS-Wicklung 77,8 W. Die vom flüssigen Stickstoff gekühlte Oberfläche beträgt dabei 0,426 m^2. Dies entspricht einem spezifischen Wärmefluss von

18 mW/cm^2. Dieser geringe Wärmefluss führt nach Abb. 2.11 zu einer minimalen Temperaturerhöhung von wenigen Kelvin. Eine Strombelastung der OS-Wicklung bis zum Bemessungsstrom stellt somit für den Betrieb keine Einschränkung dar.

Relative Kurzschlussspannung

Zur Messung der relativen Kurzschlussspannung wurde die US-Wicklung des Demonstrators kurzgeschlossen. Mittels eines Stelltransformators wurde die Spannung an der OS-Wicklung erhöht, bis in der US-Wicklung Nennstrom floss. Hierbei wurde eine Spannung von 15,8 V an den Klemmen der OS-Wicklung gemessen. Der so ermittelte Wert der relativen Kurzschlussspannung beträgt 1,58 %. Der im Entwurf berechnete Wert beträgt 1,59 % und wurde somit bis auf eine geringfügige Abweichung erzielt. Die für diese Messung verwendeten Messgeräte sind in Kapitel A.5 aufgeführt.

Leerlaufbetrieb

Als Quelle diente ein 400 kVA-Transformator. Dieser wurde primärseitig zu- und abgeschaltet. Dabei wurde an der OS-Wicklung eine Spannung von 1030 V und an der US-Wicklung eine Spannung von 619 V gemessen. Die gemessenen Spannungen liegen geringfügig über den Nennspannungen von 1000 V und 600 V. Der gemessene Leerlaufstrom lag mit 14 A weit über dem berechneten Wert von 2,5 A (Angenommene Permeabilität des Werkstoffs bei der Berechnung $\mu_\mathrm{r} = 5000$). Als Ursache hierfür wurde eine Fehllieferung des Transformatorblechs festgestellt. Die in Anhang A.5 dargestellte gemessene Magnetisierungskennlinie des verwendeten Kernmaterials zeigt, dass dessen Sättigungsmagnetisierung $B_\mathrm{s} = 1{,}5$ T beträgt. Die Sättigungsmagnetisierung des bestellten Werkstoffs sollte über $B_\mathrm{s} = 1{,}7$ T betragen. Die bei Nennspannung erreichte Flussdichte im Eisenkern beträgt gerade $\hat{B}_\mathrm{H} = 1{,}5$ T und bei der Messung erreichten Spannung von $U_\mathrm{os} = 1030$ V beträgt die Magnetisierung $\hat{B}_\mathrm{H} = 1{,}544$ T. Aufgrund dieser Abweichung verringert sich die wirksame Permeabilität des Werkstoffs und die Magnetisierungs- und Wirbelstromverluste nehmen zu. Hierdurch ist der hohe Leerlaufstrom des Transformators zu erklären. Auf die angestrebten Untersuchungen der Strombegrenzung und Rückkühlung des Transformators hat dies keinen Einfluss.

Nennbetrieb

Als Quelle diente ein 400 kVA-Transformator. Dieser wurde primärseitig zu- und abgeschaltet. Hierbei wurden an der OS-Wicklung eine Spannung von 1004 V und ein Strom von 66 A gemessen, während an der US-Wicklung eine Spannung von 602 V und 102 A gemessen wurde. Die hierbei übertragene Leistung beträgt 61,4 kVA. Somit wurde der vorgegebene Wert von 60 kVA bei Nennspannung erzielt.

Zur besseren Übersicht sind die bei den Messungen zum allgemeinen Betriebsverhalten erzielten Messwerte in Tab. 5.3 aufgeführt. Ein Vergleich mit den in Tab. 5.1 angegebenen Werten zeigt, dass alle Vorgabewerte eingehalten bzw. erreicht wurden.

Tab. 5.3:   Messwerte der Untersuchungen zum allgemeinen Betriebsverhalten

Nennleistung	S_N	61,4 kVA
Nennspannung OS- und US-Wicklung	U_{os} / U_{us}	1004 V / 602 V
Frequenz	f	50 Hz
Nennstrom OS- und US-Wicklung	I_{os} / I_{us}	66 A / 102 A
Bemessungsstrom	I_r	155 A
Leerlaufstrom	I_0	14 A
Relative Kurzschlussspannung	u_k	1,58 %

5.4 Untersuchung der Strombegrenzung

Zur Messung der Strombegrenzung wurde das in Abb. 5.7 dargestellte Ersatzschaltbild zugrunde gelegt. Als Quelle diente ein 400 kVA-Transformator, der im Ersatzschaltbild als Spannungsquelle mit Innenwiderstand Z_i nachgebildet wird. Dieser wurde über den Schalter S_1 primärseitig zu- und abgeschaltet. Mit dem Vorwiderstand R_v wurde der prospektive Kurzschlussstrom eingestellt. Der Demonstrator wurde mit der OS-Wicklung an den Vorwiderstand angeschlossen. Die US-Wicklung wurde mit dem Thyristorschalter TS_1 zeitgesteuert für jeweils $t_b = 60$ ms kurzgeschlossen. Für die Untersuchung wurde der Demonstrator wie in Abb. 5.6 dargestellt in einem offenen Dewar mit flüssigem Stickstoff gekühlt. Die für diese Untersuchung verwendeten Betriebsmittel und Messgeräte sind in Anhang A.5 aufgeführt.

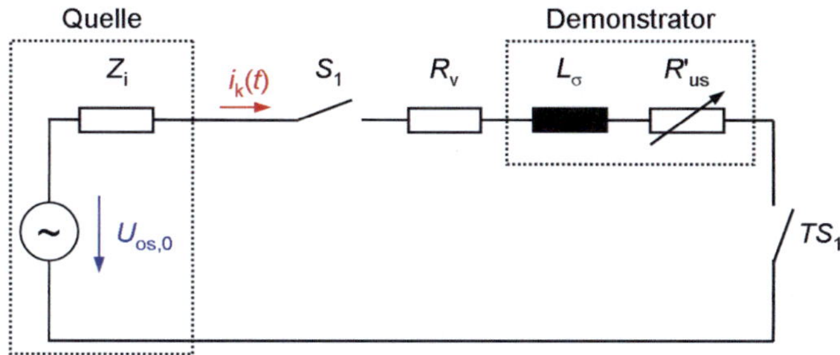

Abb. 5.7:   Ersatzschaltbild des Messaufbaus zur Messung der Strombegrenzung.

In Abb. 5.8 zeigt die gestrichelte Linie den zeitlichen Verlauf des unbegrenzten Kurzschlussstroms i_k und die durchgezogene Linie den Verlauf des begrenzten Kurzschlussstroms $i_{k,lim}$ in der durchgezogenen Linie für eine Kurzschlussdauer von $t_{lim} = 60$ ms dargestellt. Beide Ströme sind auf die US-Spannungsebene bezogen. Der Verlauf des unbegrenzten Kurzschlussstroms i_k kann messtechnisch nicht ermittelt werden, weil der Supraleiter im Kurzschlussfall immer resistiv wirkt. Deshalb wurde dessen Verlauf aus der Leerlaufspannung und den Widerständen im Stromkreis rechnerisch ermittelt.

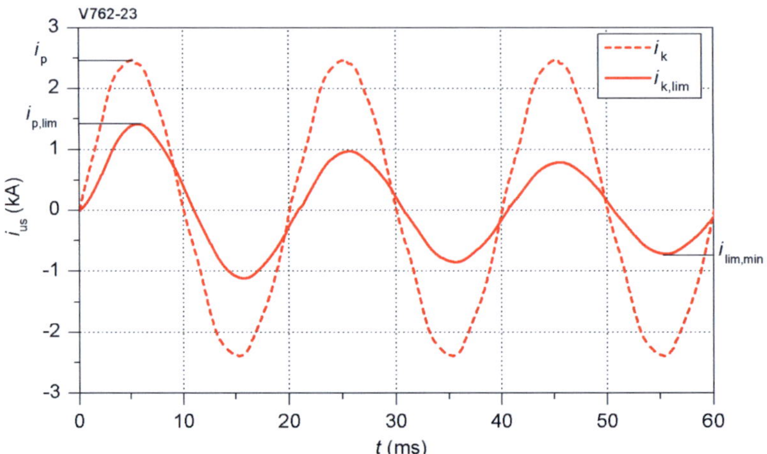

Abb. 5.8: Stromverlauf während einer Strombegrenzung der Dauer von 60 ms. Gestrichelte Linie: Berechneter Verlauf des unbegrenzten Kurzschlussstroms i_k in der OS-Wicklung, bezogen auf US-Spannungsebene. Durchgezogene Linie: Gemessener Verlauf des begrenzten Kurzschlussstroms $i_{k,lim}$ in der US-Wicklung. Markiert sind der prospektive Kurzschlussstrom i_p und der begrenzte prospektive Strom $i_{p,lim}$, jeweils bezogen auf die US-Spannungsebene.

Der in Abb. 5.8 markierte prospektive Kurzschlussstrom i_p beträgt 2468 A, der ebenfalls markierte begrenzte prospektive Kurzschlussstrom $i_{p,lim}$ beträgt 1436 A. Somit wird der Kurzschlussstrom trotz der geringen relativen Kurzschlussspannung ($u_k = 1{,}5e\ \%$) von 17,5-fachem Nennstrom auf 10,2-fachen Nennstrom begrenzt. Der Begrenzungsfaktor beträgt $b = 0{,}58$. Um die strombegrenzende Wirkung des Supraleiters herauszustellen, kann der prospektive Kurzschlussstrom des Netzes vor dem supraleitenden Transformator zum Vergleich herangezogen werden. Dieser beträgt mit $i_{p,Netz} = 2758$ A (bezogen auf US-Spannungsebene) das 19,5-fache des Nennstroms. Die Reduktion dieses Wertes auf den 17,5-fachen Nennstrom wird von der Streuinduktivität des Transformators verursacht, die weitere Reduktion auf den 10,2-fachen Nennstrom wird vom Widerstand der YBCO-Bandleiter bewirkt. Der in Tab. 5.1 angegebene Vorgabewert zur Strombegrenzung auf den 10-fachen Kurzschlussstrom wird somit erreicht. Der minimale Kurzschlussstrom $i_{lim,min}$ beträgt 717 A (Scheitelwert der letzten Halbwelle). Für diese Größe wurde beim Entwurf kein Wert vorgegeben. In einer realen Anwendung müsste ein Wert vorgegeben werden um eine Detektion und die Abschaltung des Kurzschlusses sicherzustellen.

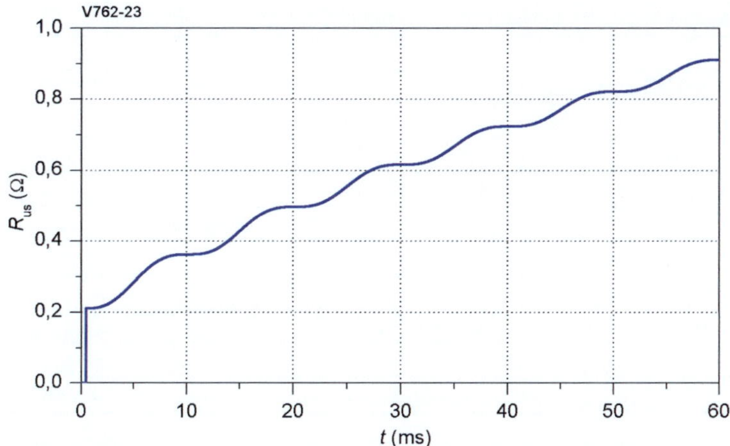

Abb. 5.9: Widerstand der US-Wicklung R_{us} während einer Strombegrenzung der Dauer von 60 ms. Der Verlauf wurde mittels einer transienten Simulation numerisch ermittelt.

Abb. 5.9 zeigt den Verlauf des Widerstands der YBCO-Bandleiter in der US-Wicklung während der Strombegrenzung. Dieser Widerstandsverlauf ist messtechnisch schwer zu ermitteln, da über der Wicklung außer dem resistiven Spannungsfall auch die Spannung über der Streuinduktivität abfällt und die Induktionsspannung des Transformators anliegt. Daher wurde dieser Verlauf in einer transienten Simulation rechnerisch ermittelt. In der Simulation wurde der Verlauf des begrenzten Kurzschlussstroms $i_{k,lim}$ an den in Abb. 5.8 dargestellten gemessenen Verlauf angepasst. Zu Beginn des Kurzschlusses ist der YBCO-Bandleiter noch supraleitend. Sobald der kritische Strom überschritten wird, beginnt er resistiv zu wirken und begrenzt den Kurzschlussstrom. Während der Strombegrenzung erwärmt sich der YBCO-Bandleiter. Dem Widerstandsverlauf ist zu entnehmen, dass der maximale Bandleiterwiderstand nach der Strombegrenzung bei $t = 60$ ms $R_{us} = 912$ mΩ beträgt. Diesem Wert kann anhand des in Abb. 5.4 dargestellten temperaturabhängigen Widerstandsverlaufs eine Maximaltemperatur von $T_{max} = 186$ K zugeordnet werden. Diese Temperatur liegt unterhalb des Vorgabewertes von 200 K. In Tab. 5.4 ist eine Zusammenfassung der bei der Strombegrenzung erzielten Werte angegeben.

Tab. 5.4:   Messwerte der Strombegrenzung des supraleitenden Transformators

Maximaltemperatur US-Wicklung (YBCO-Bandleiter)	T_{max}	186 K
Widerstand der US-Wicklung bei T_{max}	R_{us}	912 mΩ
Prospektiver Kurzschlussstrom des Netzes bezogen auf US-Spannungsebene	$i_{p,Netz}$	2758 A
Prospektiver Kurzschlussstrom bezogen auf US-Spannungsebene	i_p	2468 A
Begrenzter prospektiver Kurzschlussstrom bezogen auf US-Spannungsebene	$i_{p,lim}$	1436 A
Minimaler begrenzter Kurzschlussstrom (bei $t = 55$ ms) bezogen auf US-Spannungsebene	$i_{lim,min}$	717 A
Begrenzt prospektiver KS-Strom / prospektiver KS-Strom des Netzes	$i_{p,lim}\,/\,i_{p,Netz}$	0,52
Begrenzungsfaktor	b	0,58
Prospektiver KS-Strom des Netzes / Nennstrom (Scheitelwert)	$i_{p,Netz}\,/\,\hat{\imath}_{os,N}$	19,5
Prospektiver KS-Strom / Nennstrom (Scheitelwert)	$i_p\,/\,\hat{\imath}_{os,N}$	17,5
Begrenzt prospektiver KS-Strom / Nennstrom (Scheitelwert)	$i_{p,lim}\,/\,\hat{\imath}_{os,N}$	10,2

5.5 Untersuchung der Rückkühlung unter Laststrom

Zur Untersuchung der Rückkühlung unter Laststrom wurde das in Abb. 5.10 dargestellte Ersatzschaltbild zugrundegelegt. Wie bei der Untersuchung zur Strombegrenzung wurde ein 400 kV-Transformator mit Innenwiderstand Z_i als Quelle verwendet. Dieser wurde über den Schalter S_1 primärseitig zu- und abgeschaltet. Mit dem Vorwiderstand R_v wurde der prospektive Kurzschlussstrom eingestellt. An die US-Wicklung des Demonstrators wurde ein Lastwiderstand R_L angeschlossen, der mit dem Thyristorschalter TS_1 zeitgesteuert kurzgeschlossen werden kann. Der Demonstrator wurde, wie in Abb. 5.6 dargestellt, in einem offenen Dewar mit flüssigem Stickstoff gekühlt. Die verwendeten Betriebsmittel sind in Anhang A.5 aufgeführt.

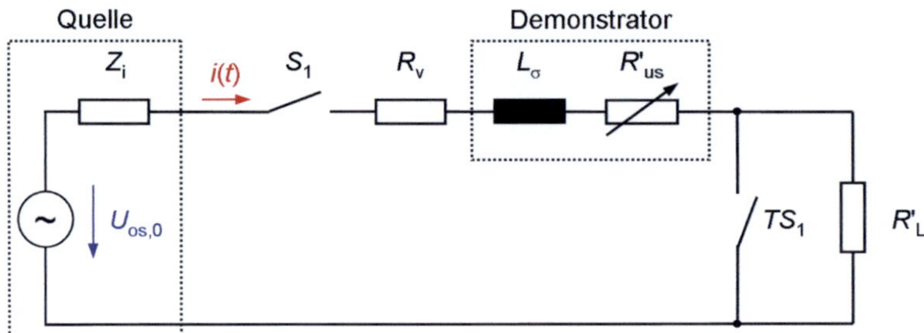

Abb. 5.10:   Ersatzschaltbild des Messaufbaus zur Untersuchung der Rückkühlung des Demonstrators unter Laststrom.

Für die Untersuchung der Rückkühlung unter Laststrom wurde der Demonstrator, wie im vorgehenden Kapitel beschrieben, mit einem Kurzschluss der Dauer $t_{lim} = 60$ ms und einer Höhe von $i_{p,lim} = 1436$ A (auf US-Ebene) belastet. Vor dem Kurzschluss wurde der Transformator für wenige Sekunden mit Laststrom belastet. Unmittelbar nach dem Kurzschluss wurde die Zeitdauer gemessen, die der Transformator benötigt, um wieder in den supraleitenden Zustand über zu gehen. Der Laststrom wurde nach ca. 20 s abgeschaltet. Diese Vorgehensweise wurde mit den in Tab. 5.5 aufgeführten Lastströmen durchgeführt.

In Abb. 5.11 ist der zeitliche Verlauf des Stroms in der US-Wicklung während einer Rückkühlmessung dargestellt. Vor dem Kurzschluss ($t < 0$ s) fließt der Laststrom in der Wicklung (im dargestellten Fall Nennstrom). Zum Zeitpunkt $t = 0$ s beginnt der Kurzschluss. Nach der Zeitdauer $t_{lim} = 60$ ms endet der Kurzschluss, es fließt wieder der Laststrom in der Wicklung und die Rückkühlzeit t_{rec} beginnt. Der Laststrom ist zu Beginn aufgrund des Widerstands der YBCO-Bandleiter leicht reduziert. Während der YBCO-Bandleiter rückkühlt, steigt der Laststrom an, bis der Bandleiter wieder supraleitend ist und der Laststrom wieder seinen ursprünglichen Wert erreicht. Zu diesem Zeitpunkt endet die Rückkühlzeit t_{rec}, die bei den Messungen ermittelt wurde. Kriterium für das Erreichen der Rückkühlzeit t_{rec} war das Überschreiten des Stromwertes von 99 % des Laststroms vor Kurzschlussbeginn unter der Voraussetzung, dass der volle Betrag des Nennstroms zu einem späteren Zeitpunkt auch erreicht wird.

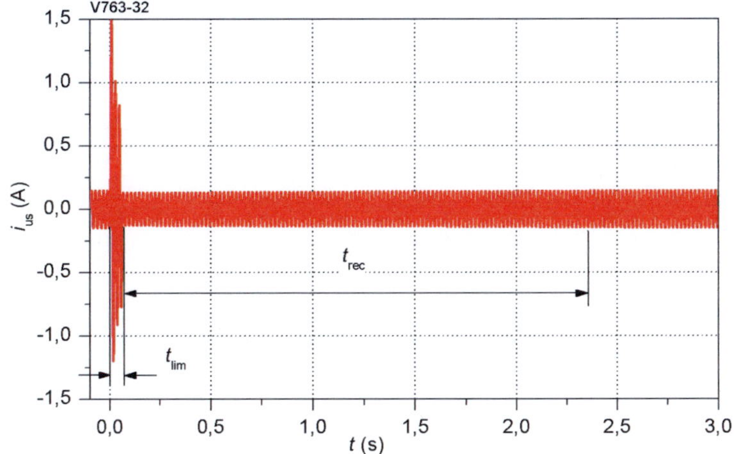

Abb. 5.11: Verlauf des Stroms in der US-Wicklung während einer Rückkühlmessung:
$t < 0$ s: Normalbetrieb, Laststrom ($i_{us} < I_c$), YBCO-Bandleiter supraleitend
$0 < t < t_{lim}$: Strombegrenzerbetrieb, Kurzschulssstrom ($i_{us} > I_c$), YBCO-Bandl. normalleitend
$t_{lim} < t < t_{lim} + t_{rec}$: Rückkühlbetrieb, Laststrom ($i_{us} < I_c$), YBCO-Bandleiter normalleitend
$t > t_{lim} + t_{rec}$: Normalbetrieb, Laststrom ($i_{us} < I_c$), YBCO-Bandleiter supraleitend.

In Abb. 5.12 ist ebenfalls der Stromverlauf in der US-Wicklung während einer Rückkühlmessung unter Nennstrom dargestellt. Zur besseren Sichtbarkeit des Stromverlaufs während der Rückkühlung ist in dieser Abbildung die y-Achse anders skaliert. Zu Beginn der Rückkühlung ist der Laststrom deutlich reduziert. Nach 2,3 s sind wieder 99 % des Nennstroms erreicht. In Tab. 5.5 ist die Rückkühldauer für verschiedene Lastströme angegeben.

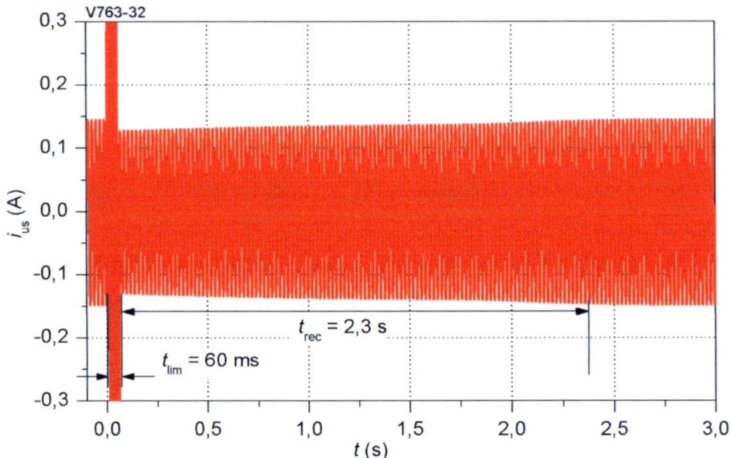

Abb. 5.12: Der in Abb. 5.11 dargestellte Verlauf des Stroms in der US-Wicklung während einer Rückkühlmessung mit anderer Skalierung der y-Achse. Zu Beginn der Rückkühlphase ($t > t_{lim}$) ist der Laststrom aufgrund des Widerstands der YBCO-Bandleiter leicht reduziert. Nach der Rückkühlzeit t_{rec} ist der Ursprüngliche Wert des Laststroms wieder erreicht.

Die Rückkühlmessungen wurden jeweils fünf Mal wiederholt, wobei die Ergebnisse reproduziert werden konnten. Bei allen Messungen ging der Transformator nach der Rückkühlzeit wieder vollständig in den supraleitenden Zustand über. Die Vorgabe der Rückkühlung unter Nennstrom wurde somit erreicht. Die minimale Ausgangsspannung des Transformators nach einer Rückkühlung betrug unter Nennstrom $U_{us,min}$ = 530 V (88 % von U_{us}). Damit wurde auch die Vorgabe eingehalten, nach der die Ausgangspannung während der Rückkühlung größer 85 % der Nennspannung U_{us} = 600 V sein muss.

Tab. 5.5:   Messwerte der Rückkühlung des Demonstrators nach einer Strombegrenzung

Rückkühlzeit bei 25 % Nennstrom	$t_{rec}(I_{us}$ = 25 A)	0,96 s
Rückkühlzeit bei 50 % Nennstrom	$t_{rec}(I_{us}$ = 50 A)	1,12 s
Rückkühlzeit bei 75 % Nennstrom	$t_{rec}(I_{us}$ = 75 A)	1,46 s
Rückkühlzeit bei 100 % Nennstrom	$t_{rec}(I_{us}$ = 100 A)	2,30 s
Minimale Ausgangsspannung während Rückkühlung	$U_{us,min}$	530 V

5.6 Zusammenfassung

In diesem Kapitel wurden Untersuchungen zur Strombegrenzung und Rückkühlung an einem supraleitenden Transformator vorgestellt. Dieser supraleitende Transformator hat eine Nennleistung von 60 kVA und wurde im Rahmen der vorliegenden Arbeit als Labor-Demonstrator spezifiziert, entworfen und getestet. Hierdurch wurde erstmals das Verhalten eines supraleitenden Transformators während einer Strombegrenzung und der anschließenden Rückkühlung spezifiziert und im Versuch demonstriert.

Die Messergebnisse zeigen, dass der Demonstrator bis zu einer Belastung mit dem Bemessungsstrom im supraleitenden Zustand betrieben wird. Im Kurzschlussfall begrenzt der supraleitende Transformator den prospektiven Kurzschlussstrom vom 19,5-fachen Nennstrom auf 10,2-fachen Nennstrom (begrenzter prospektiver Kurzschlussstrom). Im Rückkühlbetrieb nach einer Strombegrenzung kühlt der Transformator bis zu einer Belastung mit Nennstrom innerhalb von maximal 2,3 s zurück. Während der Rückkühlung bleibt die Ausgangsspannung stets über 88 % der Nennspannung. Bei der Gegenüberstellung der Messergebnisse mit den Vorgabewerten wurden die in Kapitel 4.3 eingeführten Gleichungen zur Bemessung des Transformators für die Strombegrenzung und Rückkühlung verifiziert.

Die Ergebnisse dieser Untersuchungen wurden bereits in [BNK10] veröffentlicht.

6 Fallstudie zur Energieeinsparung durch supraleitende Transformatoren

Dieses Kapitel befasst sich mit der Untersuchung des Energieeinspar-Potentials durch den Einsatz supraleitender Transformatoren in elektrischen Energieversorgungsnetzen. Die Untersuchung wurde anhand zweier Fallbeispiele durchgeführt. Hierfür wurden zwei reale Anwendungsfälle von Transformatoren in Energieübertragungsnetzen gewählt. Für jeden Anwendungsfall wurden die Kennwerte des eingesetzten konventionellen Transformators ermittelt. Zur Gegenüberstellung wurde jeweils ein konzeptioneller, detaillierter Entwurf eines supraleitenden Transformators erstellt. Anhand der Kennwerte des supraleitenden und des konventionellen Transformators wurde deren Verlustleistung in Abhängigkeit von ihrem Belastungszustand bestimmt. Ausgehend von dieser Kennlinie wurde die Jahresverlustenergie mittels des Jahres-Belastungsprofils (geordnetes Leistungsdiagramm) des Anwendungsfalls für den supraleitenden- und den konventionellen Transformator berechnet.

Der konzeptionelle Entwurf der beiden supraleitenden Transformatoren erfolgte auf Grundlage des in Kapitel 4 eingeführten Entwurfsgangs. Bei beiden Entwürfen wurde eine Optimierung nach geringster Verlustleistung durchgeführt. Da supraleitende Transformatoren im Kurzschlussfall eine strombegrenzende Wirkung haben, wurde beim Entwurf kein Wert für die relative Kurzschlussspannung vorgegeben. Das strombegrenzende Verhalten dieser Transformatoren wurde im Rahmen dieser Fallstudie nicht betrachtet.

Die ausgewählten Anwendungsfälle sind ein 63 MVA Kraftwerk-Eigenbedarf-Transformator und ein 31,5 MVA Netz-Transformator. Die Ergebnisse der Berechnungen zum Krafwerk-Eigenbedarf-Transformator wurden bereits in [BCN10] veröffentlicht. Die in der Veröffentlichung genannten Verluste des supraleitenden Transformators weichen von den hier dargestellten Ergebnissen ab, da bei der Berechnung ein anderer Wirkungsgrad der Kältemaschine berücksichtigt wurde. Der in der vorliegenden Arbeit berücksichtigte Wirkungsgrad entspricht dem einer kommerziell zu erwerbenden Kältemaschine.

Im Folgenden wird zuerst das Verfahren zur Verlustberechnung vorgestellt. Danach werden die Anwendungsfälle, die Transformator-Entwürfe und die Ergebnisse der Verlustberechnung beschrieben und gegenübergestellt. Die Diskussion der Ergebnisse erfolgt im Anschluss.

6.1 Verlustberechnung

Zur Berechnung der Jahresverlustenergie wurde zunächst die Verlustleistung der Transformatoren $P_{\mathrm{v,T}}(I_{\mathrm{us}})$ in Abhängigkeit von deren Belastung berechnet. Der Belastungszustand wurde dabei durch den Strom in der US-Wicklung I_{us} berücksichtigt. Hiervon ausgehend wurde die Jahresverlustenergie mittels des geordneten Leistungsdiagramms des Anwendungsfalls bestimmt. Im geordneten Leistungsdiagramm ist die Belastung des Transformators über der Zeitdauer der Belastung für ein gesamtes Jahr dargestellt. Die für die Berechnung vorliegenden Leistungsdiagramme sind in Zeitintervalle der Länge t_{i} unterteilt. Die Verlustenergie während eines Zeitintervalls errechnet sich aus dem Produkt der Verlustleistung des Transformators für den Belastungszustand $P_{\mathrm{v,T}}(I_{\mathrm{us}})$ und der Dauer des Zeitintervalls t_{i}. Entsprechend wird die Jahresverlustenergie W_{a} aus der Addition der in den Zeitintervallen entstehenden Verlustleistung über den Zeitraum eines Jahres berechnet. Es ist

$$W_{\mathrm{a}} = \sum_i P_{\mathrm{v,T}}\left(I_{\mathrm{us}}\right)\cdot t_i \ . \tag{6.1}$$

Im Folgenden werden die Vorgehensweise zur Berechnung der belastungsabhängigen Verlustleistung der Transformatoren beschrieben und die verwendeten Gleichungen aufgeführt.

Konventionelle Transformatoren

Bei der Berechnung der Verlustleistung in Abhängigkeit von der Belastung der konventionellen Transformatoren wurden nur die Widerstandsverluste der Wicklungen und die Eisenkernverluste berücksichtigt. Die Streuverluste, die in der Struktur und im Kessel anfallen, sowie dielektrische Verluste in der Isolation wurden vernachlässigt. Für die Berechnung wurde das in Abb. 6.1 dargestellte elektrische Transformator-Ersatzschaltbild zugrundegelegt. Der Anstieg der Wicklungswiderstände durch die zunehmende Betriebstemperatur bei steigender Belastung wurde dabei ebenfalls vernachlässigt.

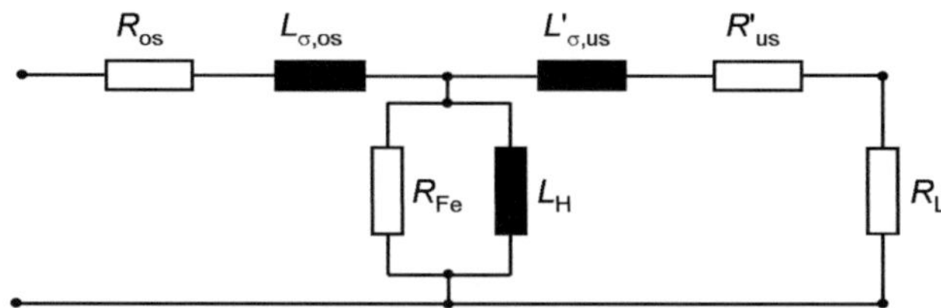

Abb. 6.1: Elektrisches Transformator-Ersatzschaltbild zur Berechnung der Verlustleistung in Abhängigkeit von der Belastung der konventionellen Transformatoren.

Die lastunabhängigen Eisenkernverluste wurden den Herstellerangaben entnommen. Die lastabhängigen Wicklungsverluste wurden anhand der Wicklungswiderstände R_{os} und R_{us} in

Abhängigkeit von der Belastung berechnet. Die gesamte Verlustleistung der konventionellen Transformatoren wurde somit nach

$$P_{v,T} = 3 \cdot \left(R_{os} \cdot I_{os}^2 + R_{us} \cdot I_{us}^2 \right) + P_{Fe} \tag{6.2}$$

bestimmt.

Supraleitende Transformatoren

Die Verlustleistung der konzeptionell entworfenen supraleitenden Transformatoren wurde ebenfalls in Abhängigkeit von der Belastung ermittelt. Hierzu wurde das in Kapitel 4.2 eingeführte Verfahren angewendet.

Bei dieser Berechnung der Verluste durch die Stromzuführungen muss die Anzahl der OS- und US-seitigen Stromzuführungen $n_{SZF,os}$ und $n_{SZF,us}$ berücksichtigt werden. Diese ergibt sich aus der Schaltgruppe der Transformatoren.

Um die gesamte Verlustleistung der supraleitenden Transformatoren zu bestimmen, wurden alle Verlustanteile, die im Kalten entstehen, mit dem Kehrwert des Wirkungsgrads der Kältemaschine η_{KM} multipliziert. Die gesamte Verlustleistung eines supraleitenden Transformators mit warmem Eisenkern ergibt sich somit zu

$$P_{v,T} = \frac{1}{\eta_{KM}} \cdot \left(n_{SZF,os} \cdot P_{SZF,os} + n_{SZF,us} \cdot P_{SZF,us} + 3 \cdot \left(P_{KW} + P_{AC,os} + P_{AC,us} \right) \right) + P_{Fe} \cdot \tag{6.3}$$

Durch den Faktor Drei wird die Anzahl der Phasen berücksichtigt. Ausgehend von dieser Gleichung wird die Verlustleistung der supraleitenden Transformatoren in Abhängigkeit vom Belastungszustand bestimmt.

6.2 Kraftwerk-Eigenbedarf-Transformator (63 MVA)

Im Folgenden wird der Anwendungsfall des Kraftwerk-Eigenbedarf-Transformators beschrieben. Dieser versorgt die motorischen Großverbraucher eines Steinkohle-Kraftwerk-Blocks. Es handelt sich um einen Dreiphasen-Zweiwicklungs-Transformator mit einer Nennleistung von 63 MVA, der auf Mittelspannungsebene von 21 kV auf 15,75 kV umspannt und somit verhältnismäßig hohe Nennströme aufweist. Die hohen Ströme machen den Anwendungsfall für die supraleitende Technik besonders interessant, da das Volumen, das Gewicht und die Verluste des Transformators durch den Einsatz von Supraleitern wesentlich reduziert werden können.

Abb. 6.2 zeigt das geordnete Leistungsdiagramm des Anwendungsfalls. Der Transformator ist während des Leistungsbetriebs des Kraftwerks (5000 h pro Jahr) mit 75 % seiner Nennleistung belastet. In der verbleibenden Zeit beträgt die Belastung nur 0,5 % der Nennleistung. Während der An- und Abfahrvorgänge ist er voll belastet. Jedoch sind diese Betriebszustände nach Betreiberangaben für die Berechnung der Jahresverlustenergie zu vernachlässigen.

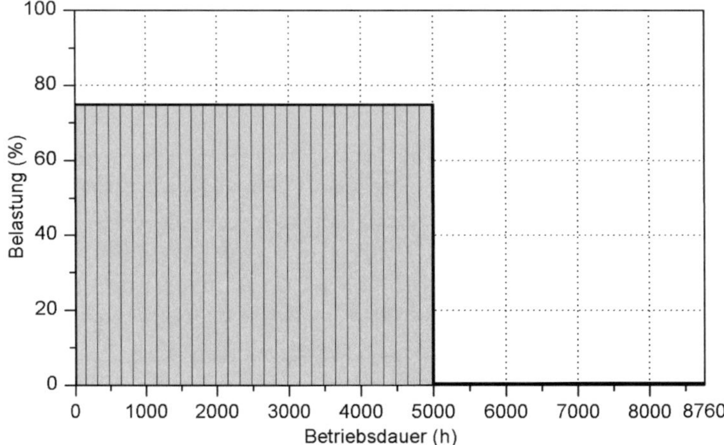

Abb. 6.2:   Geordnetes Leistungsdiagramm des Kraftwerk-Eigenbedarf-Transformators über den Zeitraum eines Jahres. Die Belastung ist in Prozent der Nennbelastung (63 MVA) angegeben.

Die genannten Daten wurden unabhängig voneinander von einem Transformator-Hersteller und von einem Kraftwerks-Betreiber eingeholt [ABB08], [ENB08].

6.2.1 Gewählte Vergleichstypen

Konventioneller Transformator

In Tab. 6.1 sind die Kennwerte des konventionellen Kraftwerk-Eigenbedarf-Transformators aufgeführt. Diese erlauben einen Vergleich mit den Kennwerten des entworfenen supraleitenden Transformators.

Tab. 6.1:   Kennwerte des konventionellen Kraftwerk-Eigenbedarf-Transformators

Schaltgruppe		DYn5
Nennleistung	S_N	63 MVA
Nennspannungen OS/US	U_{os} / U_{us}	21 / 15,75 kV
Nennströme OS/US	I_{os} / I_{us}	1,73 / 2,31 kA
Frequenz	f	50 Hz
Relative Kurzschlussspannung	u_k	11,5 %
Gewicht (ohne Öl)	m_T	48 t
Höhe (Kessel)	h_T	3520 mm
Breite (Kessel)	b_T	1350 mm
Länge (Kessel)	ℓ_T	2940 mm
Windungsspannung	u_w	100,9 V
Windungszahl OS / US	w_{os} / w_{us}	216 / 90 Wdg
Magnetische Flussdichte	$\hat{B}_H$	1,7 T
Eisenverlustziffer	v_{Fe}	1,13 W/kg
Eisengewicht	m_{Fe}	21,2 t
Widerstand OS / US	R_{os} / R_{us}	39,2 / 5,6 mΩ

Supraleitender Transformator

Der für diese Fallstudie konzeptionell entworfene supraleitende Transformator ist ebenfalls ein Dreiphasen-Zweiwicklungs-Transformator mit warmem Eisenkern. In Abb. 6.3 ist eine nicht maßstabsgetreue Skizze des Entwurfs dargestellt.

Der Dreischenkel-Kern trägt auf jedem Schenkel eine Phase. Die Wicklungen sind als Lagenwicklungen ausgeführt. Die Lagen der OS-Wicklungen sind rot, die der US-Wicklungen blau dargestellt. Die Kryostate umschließen jeden Schenkel, beinhalten im Kalten aber nur die supraleitenden Wicklungen. Für die Kryostatwände wurden GFK-Teile mit Superisolation vorgesehen. Hierdurch lassen sich Wirbelstromverluste in metallischen Kryostatwänden vermeiden. Nach [Sis05] kann für eine derartige Bauart mit einem spezifischen Wärmeeintrag durch die Kryostatwände von 2 W/m^2 gerechnet werden.

Als Supraleiter wurden 4 mm breite YBCO-Bandleiter mit einem kritischen Strom von 100 A im Eigenfeld vorgesehen. Um die hohen Ströme von 1,73 kA und 2,31 kA in den Wicklungen im supraleitenden Zustand zu tragen, müssen mehrere Bandleiter parallel geschaltet werden. Geometrisch sollen die Bandleiter in Stapeln angeordnet werden. Da keine Daten für die Reduktion des kritischen Stroms einer derartigen Anordnung von Bandleitern in einem magnetischen Streufeld vorliegen, wurde eine Reduktion auf 40 % des Wertes im Eigenfeld angenommen. So wurde die Anzahl paralleler Bandleiter in der OS-Wicklung zu $n_{Band,os} = 50$ und in der US-Wicklung zu $n_{Band,us} = 115$ gewählt. Der kritische Strom der Wicklungen ergibt sich mit diesen Annahmen zu $I_{c,os} = 2,0$ kA und $I_{c,us} = 4,6$ kA. Die effektive Stromdichte in den

Wicklungen beträgt im Nennbetrieb 53 A/mm². Die parallel geschalteten Bandleiter sollen in der OS-Wicklung auf zwei Stapel und in der US-Wicklung auf vier Stapel verteilt und, wie in Abb. 6.3 rechts dargestellt, nebeneinander gewickelt werden.

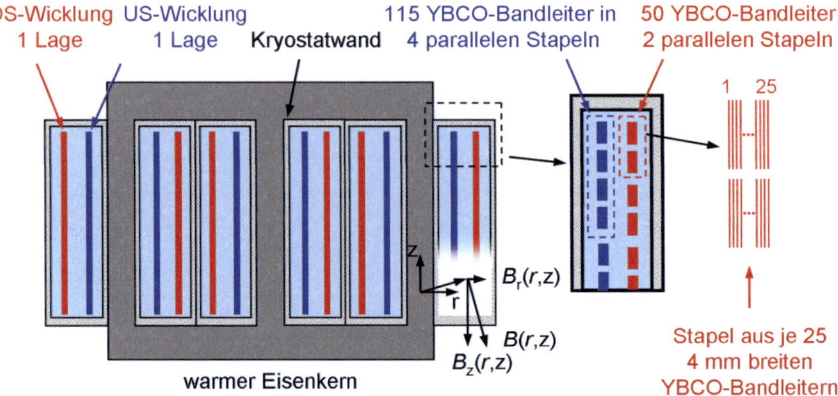

Abb. 6.3: Skizze des konzeptionell entworfenen supraleitenden Kraftwerk-Eigenbedarf-Transformators. Die Abbildung zeigt das Schnittbild der Vorderansicht (nicht maßstabgetreu).

Die Windungsspannung des Entwurfs beträgt 85 V. Damit ergibt sich eine Windungszahl von 247 Windungen für die OS-Wicklung und 107 Windungen für die US-Wicklung. Mit der gewählten Anordnung der Bandleiterstapel ergibt sich eine Höhe der Wicklung von $h_w = 2{,}72$ m. Beide Wicklungen haben jeweils nur eine Lage. Die Gesamtlänge der YBCO-Bandleiter ergibt sich zu 154 km.

Die magnetische Flussdichte im Eisenkern beträgt $\hat{B}_H = 1{,}7$ T. Das Eisenkern-Gewicht ergibt sich aus der Geometrie zu $m_{Fe} = 21{,}3$ t. Als Kernmaterial wurde aus einer Produktbroschüre [THY10] ein Transformatorblech der Sorte PowerCore H, M85-23 P mit einer Eisenverlustziffer von $v_{Fe} = 0{,}85$ W/kg gewählt. Das Gesamtgewicht des Transformators ohne Befüllung mit flüssigem Stickstoff ergibt sich zu $m_T = 22{,}4$ t.

Der Scheitelwert der magnetischen Flussdichte im Streuspalt beträgt $B_\sigma = 162$ mT. Die relative Kurzschlussspannung beträgt $u_k = 2{,}6$ %. Da der supraleitende Transformator im Kurzschlussfall strombegrenzend wirkt, wurde für die relative Kurzschlussspannung beim Entwurf kein Wert vorgegeben. Das strombegrenzende Verhalten des entworfenen Transformators wurde im Rahmen dieser Arbeit nicht betrachtet. Im Anhang findet sich in Kapitel A.6 eine detaillierte Auflistung der Kennwerte und Abmessungen des konzeptionell entworfenen supraleitenden Kraftwerk-Eigenbedarf-Transformators.

Zur Berücksichtigung des Wirkungsgrads der Kältemaschine wurde aus einer Produktbroschüre [STI10] ein Modell vom Typ Stirling LPC-2 FF ausgewählt. Diese hat eine thermische Leistung von 1,7 kW und einen Wirkungsgrad von 7,1 %.

Tab. 6.2: Kennwerte des konzeptionell entworfenen Kraftwerk-Eigenbedarf-Transformators

Schaltgruppe		DYn5
Nennleistung	S_N	63 MVA
Nennspannungen OS/US	U_{os} / U_{us}	21 / 15,75 kV
Nennströme OS/US	I_{os} / I_{us}	1,73 / 2,31 kA
Frequenz	f	50 Hz
Relative Kurzschlussspannung	u_k	2,6 %
Gewicht (ohne LN$_2$)	m_T	22,5 t
Volumen	V_T	6,5 m^3
Höhe	h_T	3890 mm
Breite	b_T	2210 mm
Länge	ℓ_T	740 mm
Windungsspannung	u_w	85 V
Höhe der Wicklung	h_w	2,72 m
Stromdichte OS / US	j_{os} / j_{us}	53 / 53 A/mm^2
Windungszahlen OS / US	w_{os} / w_{us}	247 / 107 Wdg
Magnetische Flussdichte	$\hat{B}_H$	1,7 T
Eisenverlustziffer	v_{Fe}	0,85 W/kg
Eisenkern-Gewicht	m_{Fe}	21,3 t
Wirkungsgrad der Kältemaschine	η_{KM}	7,1 %
Supraleiter		
Breite YBCO-Bandleiter	b_{SL}	4 mm
kritischer Strom der YBCO-Bandleiter im Eigenfeld	I_c	100 A
Magnetische Flussdichte im Streuspalt	B_σ	162 mT
Angenommene Reduktion des kritischen Strom der Bandleiter im Streufeld	$I_c(B_{is}) / I_c(0)$	40 %
Anzahl paralleler YBCO-Bandleiter OS / US	$n_{Band,os} / n_{Band,us}$	50 / 115
Anzahl paralleler YBCO-Bandleiter Stapel OS / US	$n_{Stapel,os} / n_{Stapel,us}$	2 / 4
Kritischer Strom der Wicklung OS / US	$I_{c,os} / I_{c,us}$	2,0 / 4,6 kA
Gesamtlänge YBCO-Bandleiter (4mm Breite)	ℓ_{ges}	154 km

Ein Vergleich des konventionellen Transformators mit dem konzeptionell entworfenen supraleitenden Transformator zeigt, dass durch den Einsatz von Supraleitern eine Gewichtsreduktion um etwa 50 % möglich ist. Der supraleitende Transformator wurde mit geringerer Windungsspannung entworfen. Dies führt zu einem geringeren Volumen und Gewicht des Eisenkerns und somit auch zu einer Reduktion der Leerlaufverluste des supraleitenden Transformators. Zudem ist zu erwähnen, dass gegenüber dem konventionellen Transformator ein Kernblech mit geringerer Eisenverlustziffer gewählt wurde. Das Volumen sowie das Gewicht der Wicklungen können durch den Einsatz von Supraleitern folglich wesentlich reduziert werden.

Die relative Kurzschlussspannung der supraleitenden Variante ist wesentlich geringer als die des konventionellen Transformators.

6.2.2 Gegenüberstellung und Diskussion

Verlustleistung des konventionellen Transformators

In Abb. 6.4 ist die Verlustleistung des konventionellen Kraftwerk-Eigenbedarf-Transformators in Abhängigkeit von der Belastung zwischen Leerlauf und Abgabe der Nennleistung dargestellt. Die Anteile der einzelnen Verlustmechanismen sind darin farblich unterschieden.

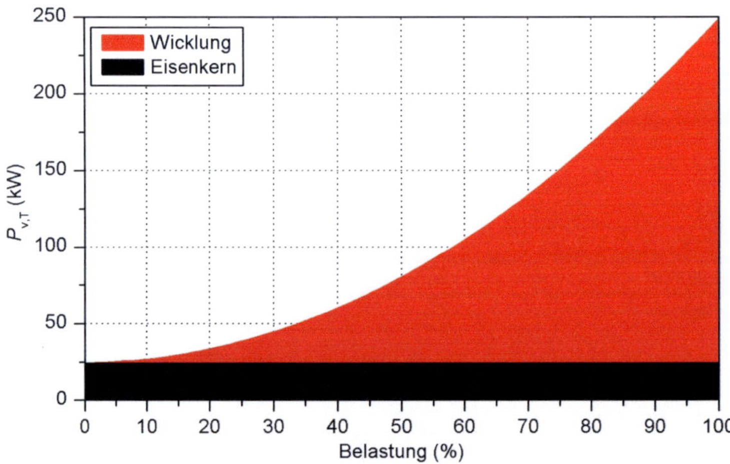

Abb. 6.4: Verlustleistung des konventionellen Kraftwerk-Eigenbedarf-Transformators in Abhängigkeit von der Belastung mit Darstellung der Verlustanteile.

Im Leerlauf beträgt die Verlustleistung 24,0 kW. Da im Leerlauf des Transformators in der US-Wicklung keine und aufgrund des geringen Leerlaufstroms in der OS-Wicklung nur geringe Verluste anfallen, werden die Leerlaufverluste von den Eisenkernverlusten dominiert. Die Wicklungsverluste steigen mit der Belastung des Transformators quadratisch an. Im Nennbetrieb beträgt die gesamte Verlustleistung 248,0 kW. Hiervon entstehen 90 % in den Transformator-Wicklungen.

Verlustleistung des supraleitenden Transformators

In Abb. 6.5 sind die Verluste des konzeptionell entworfenen supraleitenden Transformators in Abhängigkeit von der Belastung zwischen Leerlauf und Nennbetrieb dargestellt. Die Anteile der verschiedenen Verlustkomponenten sind darin farblich unterschieden.

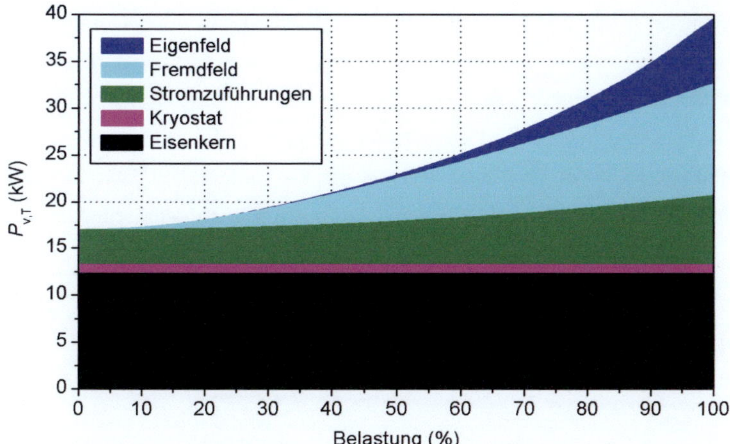

Abb. 6.5:   Verlustleistung des supraleitenden Kraftwerk-Eigenbedarf-Transformators in Abhängigkeit von der Belastung mit Darstellung der Verlustanteile. Der Wirkungsgrad der Kältemaschine ist hierin mit 7,1 % berücksichtigt.

Im Leerlauf beträgt die Verlustleistung des Transformators 17,0 kW. Dabei wird mit 72,5 % der Hauptanteil im Eisenkern verursacht. 21,8 % der Verluste entstehen durch Wärmeleitung in den Stromzuführungen und 5,7 % durch Wärmeeintrag durch die Kryostatwände. Aufgrund des geringen Stroms in den Wicklungen sind die Wechselstromverluste der Supraleiter nur sehr gering. Mit steigender Belastung steigt der Verlust durch Wärmeeintrag in den Kryostaten aufgrund der Widerstandsverluste des Transportstroms in den Stromzuführungen. Am stärksten steigen die Wechselstromverluste der Supraleiter an. Die Verluste durch die Kryostatwände und durch den Eisenkern bleiben konstant. Im Nennbetrieb beträgt die gesamte Verlustleistung 39,6 kW. Hierbei beträgt der Anteil des Eisenkerns nur noch 31,1 %. Etwa zwei Drittel der Verluste fallen in den Wicklungen an. Hiervon entfallen 2,5 % auf Verluste durch Wärmeeintrag durch die Kryostatwände und 18,7 % auf Verluste in den Stromzuführungen. Auf die Fremdfeldverluste der Supraleiter entfallen 30,2 % und auf deren Eigenfeldverluste 17,6 % der gesamten Verlustleistung. Die Fremdfeldverluste sind höher als die Eigenfeldverluste, weil die Stromdichte in den Wicklungen verhältnismäßig gering ist. Der Scheitelwert des Stroms in den Wicklungen beträgt 71 % des kritischen Stroms der YBCO-Bandleiter.

Gegenüberstellung

In Abb. 6.6 ist die Gesamtverlustleistung des konventionellen und des supraleitenden Transformators in Abhängigkeit von der Belastung gegenübergestellt. Die Verlustleistung des supraleitenden Transformators ist in jedem Belastungszustand geringer als die des konventionellen Transformators. Im Leerlauf sind die Verluste des supraleitenden Transformators 29 % geringer als die des konventionellen. Ursache hierfür ist einerseits der kleinere Eisenkern (vgl. die unterschiedliche Windungsspannung) und andererseits das verlustärmere Kernmaterial des supraleitenden Transformators. Mit zunehmender Belastung zeigt der supraleitende Transformator einen wesentlich geringeren Anstieg der Verlustleistung als der konventionelle. Ursache hierfür sind die weitaus geringeren Wicklungsverluste. Diese betragen im Nennbetrieb nur 16 % der Wicklungsverluste des konventionellen Transformators. Dies stellt eine wesentliche Reduktion der Verlustleistung durch den Einsatz supraleitender Technik dar.

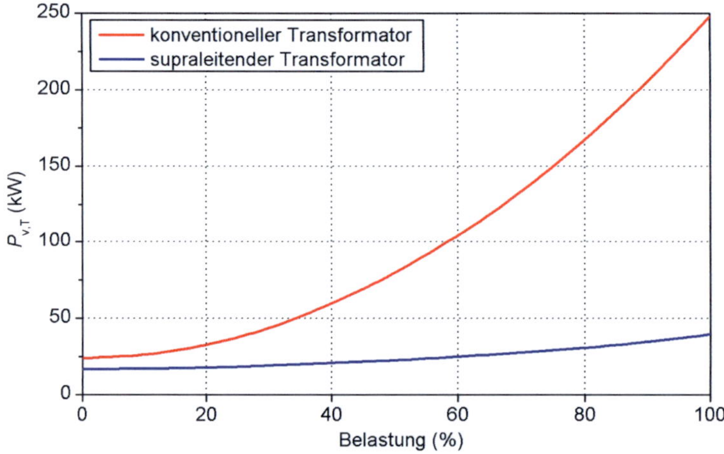

Abb. 6.6:   Gegenüberstellung der Verlustleistung des konventionellen und des supraleitenden Kraftwerk-Eigenbedarf-Transformators.

Abbildung 6.7 zeigt ergänzend den Verlauf der Wirkungsgrade in Abhängigkeit von der Belastung. Da die Verlustleistung des supraleitenden Transformators in jedem Belastungszustand geringer ist als die des konventionellen Transformators, ist auch dessen Wirkungsgrad in jedem Belastungszustand höher. Aufgrund der Leerlaufverluste beider Transformatoren sinken die Wirkungsgrade unterhalb einer Belastung von etwa 10 % der Nennlast auf Werte kleiner als 95,5 % ab. Der Wirkungsgrad des konventionellen Transformators weist bei einer Belastung von 30 % ein Maximum auf. Der Wirkungsgrad des supraleitenden Transformators steigt bis zur Nennleistung monoton an. Im Nennbetrieb beträgt der Wirkungsgrad des konventionellen Transformators $\eta_T = 99{,}61$ % und der des supraleitenden Transformators $\eta_T = 99{,}94$ %.

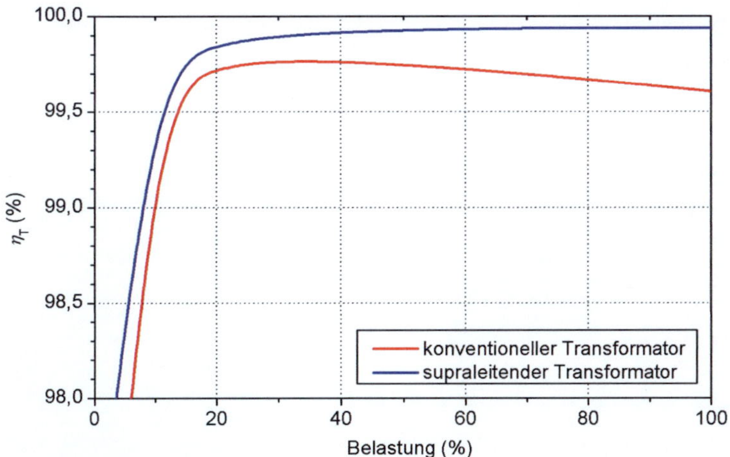

Abb. 6.7: Gegenüberstellung des Wirkungsgrads des konventionellen und des supraleitenden Kraftwerk-Eigenbedarf-Transformators in Abhängigkeit von der Belastung.

Jahresverlustenergie

In Abb. 6.8 sind die Anteile der Jahresverlustenergie, die anhand des Leistungsdiagramms für beide Transformatoren berechnet wurden, gegenübergestellt. Obwohl die Wirkungsgrade beider Transformatoren weit über 99 % liegen, beträgt die jährliche Energieeinsparung durch den Einsatz supraleitender Technik 630,1 MWh. Dies entspricht einer Verlustreduktion um 75 % und einer jährlichen CO_2-Einsparung von 360 t CO_2 (CO_2-Emissionsfaktor von 572 g/kWh auf Grundlage des Strommixes im Jahr 2008 [UBA10]). Der Hauptanteil ist auf die Reduktion der Wicklungsverluste zurückzuführen. Ein geringer Anteil wird durch die geringeren Leerlaufverluste des supraleitenden Transformators erbracht.

Beim konventionellen Transformator entstehen mit 629,8 MWh 75 % der Jahresverlustenergie in den Wicklungen und mit 109,9 MWh 25 % im Eisenkern. Beim supraleitenden Transformator entstehen mit 101,9 MWh 48,6 % der Jahresenergieverluste in den Wicklungen und mit 107,7 MWh 51,4 % im Eisenkern. Die geringeren Eisenkernverluste des supraleitenden Transformators (kleinerer Eisenkern mit geringerer Eisenverlustziffer) bewirken nur eine geringe Reduktion der Jahresenergieverluste. Der wesentliche Teil der Verlustreduktion ist auf die Reduktion der Wicklungsverluste durch den Einsatz der Supraleiter zurückzuführen. Es ist bemerkenswert, dass diese beträchtliche Reduktion trotz des Kühlaufwands und der langen Leerlaufzeit des Transformators während des Stillstands des Kraftwerks erreicht wird. Bei längerem Leistungsbetrieb des Kraftwerk-Blocks wäre die Einsparung an Verlustenergie durch die supraleitenden Wicklungen noch größer.

Die Wicklungsverluste des supraleitenden Transformators teilen sich etwa zur Hälfte in Wechselstromverluste der Supraleiter und Verluste durch die Stromzuführungen und die Verluste durch die Kryostatwände auf. Eine Reduktion der Wechselstromverluste hätte auf eine weitere Reduktion der Wicklungsverluste also den größten Einfluss.

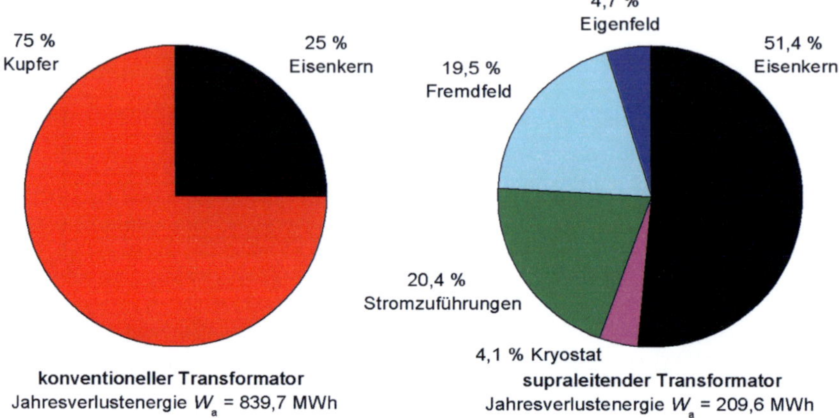

Abb. 6.8: Gegenüberstellung der Jahres-Verlustenergie des konventionellen und des supraleitenden Kraftwerk-Eigenbedarf-Transformators.

Nimmt man für die Verlustenergie Beschaffungskosten von 8,676 cp/kWh [EON10] an, ergibt sich eine jährliche Einsparung von etwa 54.670 €. Bei einer angenommenen Lebenserwartung von 30 Jahren ergibt sich eine Einsparung von 1,6 Mio € durch den Einsatz eines supraleitenden Transformators. Durch das strombegrenzende Verhalten des supraleitenden Transformators können im geschützten Netzabschnitt kostengünstigere Komponenten eingesetzt werden, was zu einer weiteren erheblichen Einsparung führen kann.

6.3 Netz-Transformator (31,5 MVA)

Der betrachtete Netz-Transformator ist ein Dreiphasen-Zweiwicklungs-Transformator mit einer Nennleistung von 31,5 MVA und den Nennspannungen U_{os} = 110 kV und U_{us} = 20 kV. Er ist in einem Umspannwerk aufgestellt und versorgt ein Gemeindewerk mit Tarifkunden, Gewerbekunden und mittelständischen Industrie-Unternehmen. Parallel zu diesem ist ein zweiter Transformator aufgestellt, der ein anderes Gemeindewerk in einem getrennten Netzabschnitt versorgt. Beide Transformatoren halten sich gegenseitig die Reserve. Gegenüber dem Kraftwerk-Eigenbedarf-Transformator sind die Nennströme des Netz-Transformators gering. Somit ist auch ein geringes Einsparpotential durch den Einsatz der supraleitenden Technik zu erwarten. Das Hauptinteresse bei der Wahl dieses Transformators war es, zu prüfen, ob auch in einem weniger günstigen Anwendungsfall eine Energieeinsparung durch den Einsatz supraleitender Transformatoren möglich ist.

In Abb. 6.9 ist das geordnete Leistungsdiagramm des Netz-Transformators über den Zeitraum eines Jahres dargestellt.

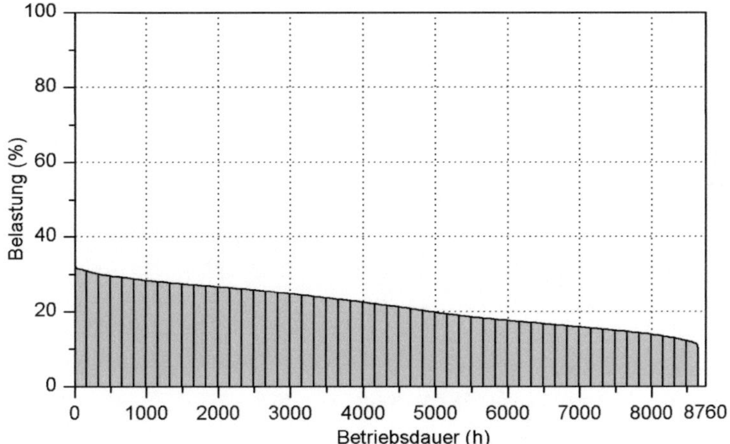

Abb. 6.9: Geordnetes Leistungsdiagramm des Netz-Transformators über den Zeitraum eines Jahres. Die Belastung ist in Prozent der Nennbelastung (31,5 MVA) angegeben.

Der Verlauf des Leistungsdiagramms entspricht dem Bedarf des versorgten Gemeindewerks. Die Belastung des Transformators ist sehr gering und liegt zwischen 10,4 % und 32,2 % der Nennlast. Aufgrund der Reservehaltung ist der Transformator trotz der geringen Auslastung nicht überdimensioniert. Die genannten Daten entstammen den Betreiberangaben [EON08].

6.3.1 Gewählte Vergleichstypen

Konventioneller Transformator

In Tab. 6.3 sind die Kennwerte des konventionellen Netz-Transformators aufgeführt. Die angegebenen Werte entstammen den Betreiberangaben [EON08]. Dieser konnte nur Angaben zu den Nenn- und Leerlaufverlusten des Transformators und zur relativen Kurzschlussspannung machen. Ein Vergleich der Dimensionierung des konventionellen Transformators mit der des supraleitenden Transformators ist daher nicht möglich.

Tab. 6.3:   Kennwerte des gewählten konventionellen Netz-Transformators

Schaltgruppe		YNd5
Nennleistung	S_N	31,5 MVA
Nennspannungen OS/US	U_os / U_us	110 / 20 kV
Nennströme OS/US	I_os / I_us	165 / 909 A
Frequenz	f	50 Hz
Relative Kurzschlussspannung	u_k	12,1 %
Wicklungsverluste bei Nennlast	P_Cu	145,5 kW
Eisenkern Verlustleistung	P_Fe	22,7 kW
Wicklungswiderstand (Strang) OS / US	R_os / R_us	832 / 88 mΩ

Supraleitender Transformator

Der für diese Fallstudie konzeptionell entworfene supraleitende Transformator ist ebenfalls ein Dreiphasen-Zweiwicklungs-Transformator mit warmem Eisenkern. In Abb. 6.10 ist eine nicht maßstabsgetreue Skizze des Entwurfs dargestellt.

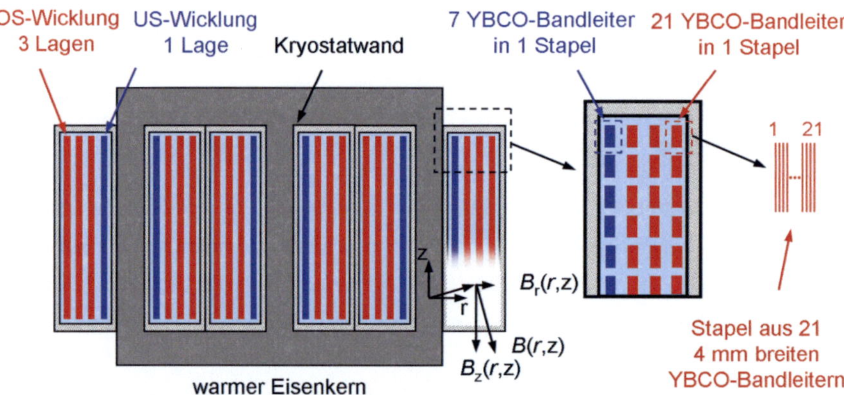

Abb. 6.10:   Konzeptuelles Design des supraleitenden Netz-Transformators. Die Abbildung zeigt das Schnittbild der Vorderansicht (nicht maßstabgetreu).

Der Aufbau ist vergleichbar mit dem konzeptionellen Entwurf des supraleitenden Kraftwerk-Eigenbedarf-Transformators. Der Dreischenkel-Kern trägt auf jedem Schenkel eine Phase. Die Wicklungen sind als Lagenwicklungen ausgeführt. Die Lagen der OS-Wicklung sind rot und die Lagen der US-Wicklung blau dargestellt. Für die Kryostatwände wurden auch hier GFK-Teile mit Superisolation vorgesehen. Die Kennwerte des supraleitenden Transformators sind in Tab. 6.4 aufgeführt.

Als Supraleiter wurden 4 mm breite YBCO-Bandleiter mit einem kritischen Strom von 100 A im Eigenfeld vorgesehen. Um die Nennströme von I_os = 165 A und I_us = 909 A im supraleitenden Zustand zu tragen, wurden in der OS-Wicklung $n_\mathrm{Band,os}$ = 7 und in der US-Wicklung $n_\mathrm{Band,us}$ = 21 Bandleiter parallel geschaltet. Wie beim konzeptionellen Entwurf des supraleitenden Kraftwerk-

Eigenbedarf-Transformators wurde eine Reduktion des kritischen Stroms der Bandleiter im Streufeld der Wicklungen auf 40 % des Wertes im Eigenfeld angenommen. Unter dieser Annahme ergibt sich der kritische Strom der Wicklungen zu $I_{c,os} = 280$ A in der OS-Wicklung und zu $I_{c,us} = 840$ A in der US-Wicklung. Die Stromdichte bei Nennstrom in der Wicklung beträgt $j_{os} = 62$ A/mm^2 in der OS-Wicklung und $j_{us} = 66$ A/mm^2 in der US-Wicklung. Die parallel geschalteten Bandleiter sind zu jeweils einem Stapel zusammengefasst.

Die Windungsspannung des Entwurfs beträgt 50 V. Damit ergibt sich eine Windungszahl von 1270 Wdg für die OS- und 400 Wdg für die US-Wicklung. Die Windungen der OS-Wicklung sind in drei Lagen und die Windungen der US-Wicklung in einer Lage gewickelt. Die Höhe der Wicklung beträgt $h_w = 2{,}97$ m. Die Gesamtlänge der YBCO-Bandleiter beträgt 95,5 km.

Die magnetische Flussdichte im Eisenkern beträgt $\hat{B}_H = 1{,}7$ T. Die Eisenmasse ergibt sich aus der Geometrie zu $m_{Fe} = 8{,}83$ t. Als Kernmaterial wurde aus einer Produktbroschüre [THY10] ein Transformatorblech der Sorte PowerCore H, M85-23 P mit einer Eisenverlustziffer von $v_{Fe} = 0{,}85$ W/kg gewählt. Die gesamte Masse des Transformators ohne Befüllung mit flüssigem Stickstoff ergibt sich demnach zu $m_T = 10{,}5$ t.

Der Scheitelwert der magnetischen Flussdichte im Streuspalt beträgt $B_\sigma = 126$ mT. Die relative Kurzschlussspannung beträgt $u_k = 7{,}0$ %. Da der supraleitende Transformator im Kurzschlussfall strombegrenzend wirkt, wurde beim Entwurf für die relative Kurzschlussspannung kein Wert vorgegeben. Das strombegrenzende Verhalten des entworfenen Transformators wurde im Rahmen dieser Arbeit nicht betrachtet. Im Anhang A.6 ist eine detaillierte Auflistung der Kennwerte und der Abmessungen des konzeptionell entworfenen supraleitenden Netz-Transformators aufgeführt.

Tab. 6.4:   Kennwerte des konzeptionell entworfenen Netz-Transformators

Schaltgruppe		YNd5
Nennleistung	S_N	31,5 MVA
Nennspannungen OS/US	$U_{os}\,/\,U_{us}$	110 / 20 kV
Nennströme OS/US	$I_{os}\,/\,I_{us}$	165 / 909 A
Frequenz	f	50 Hz
Relative Kurzschlussspannung	u_k	7,0 %
Gewicht	m_T	10,5 t
Volumen	V_T	8,8 m^3
Höhe	h_T	3910 mm
Breite	b_T	2240 mm
Länge	ℓ_T	750 mm
Windungsspannung	u_w	50 V
Höhe der Wicklung	h_w	2,97 m
Stromdichte OS / US	$j_{os}\,/\,j_{us}$	62 / 66 A/mm^2
Windungszahlen OS / US	$w_{os}\,/\,w_{us}$	1270 / 400 Wdg
Magnetische Flussdichte	$\hat{B}_H$	1,7 T
Eisenverlustziffer	v_{Fe}	0,85 W/kg
Eisenkern-Gewicht	m_{Fe}	12,8 t
Wirkungsgrad der Kältemaschine	η_{KM}	7,1 %
Supraleiter		
Breite YBCO-Bandleiter	b_{SL}	4 mm
kritischer Strom der YBCO-Bandleiter im Eigenfeld	I_c	100 A
Magnetische Flussdichte im Streuspalt	B_σ	126 mT
Angenommene Reduktion des kritischen Strom der Bandleiter im Streufeld	$I_c(B_\sigma)\,/\,I_c(0)$	40 %
Anzahl paralleler YBCO-Bandleiter OS / US	$n_{Band,os}\,/\,n_{Band,us}$	7 / 21
Anzahl paralleler YBCO-Bandleiter Stapel OS / US	$n_{Lage,os}\,/\,n_{Lage,us}$	1 / 1
Kritischer Strom der Wicklung OS / US	$I_{c,os}\,/\,I_{c,us}$	280 / 840 kA
Gesamtlänge YBCO-Bandleiter (4mm Breite)	ℓ_{ges}	95,5 km

6.3.2 Gegenüberstellung und Diskussion

Verluste des konventionellen Transformators

In Abb. 6.11 ist die Verlustleistung des konventionellen Netz-Transformators in Abhängigkeit vom Belastungszustand zwischen Leerlauf und Abgabe der Nennleistung dargestellt. Die Anteile der einzelnen Verlustkomponenten sind darin farblich unterschieden.

Im Leerlauf beträgt die Verlustleistung 22,7 kW. Diese entsteht fast ausschließlich im Eisenkern. Die Wicklungsverluste steigen quadratisch mit der Belastung des Transformators an und erreichen im Nennbetrieb 168,2 kW. Hiervon entstehen 90,0 % in den Wicklungen.

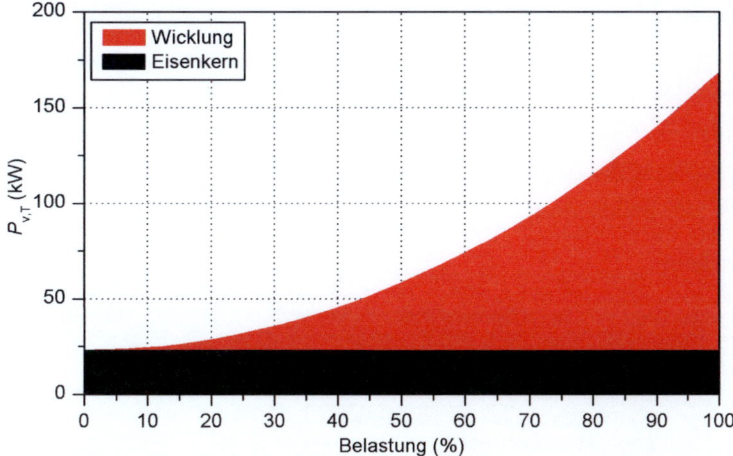

Abb. 6.11: Verlustleistung des konventionellen Netz-Transformators in Abhängigkeit von der Belastung mit Darstellung der Verlustanteile.

Verluste des supraleitenden Transformators

Abb. 6.12 zeigt die Verlustleistung des supraleitenden Netz-Transformators in Abhängigkeit von der Belastung. Auch hierin sind die Anteile der Verlustkomponenten farblich unterschieden.

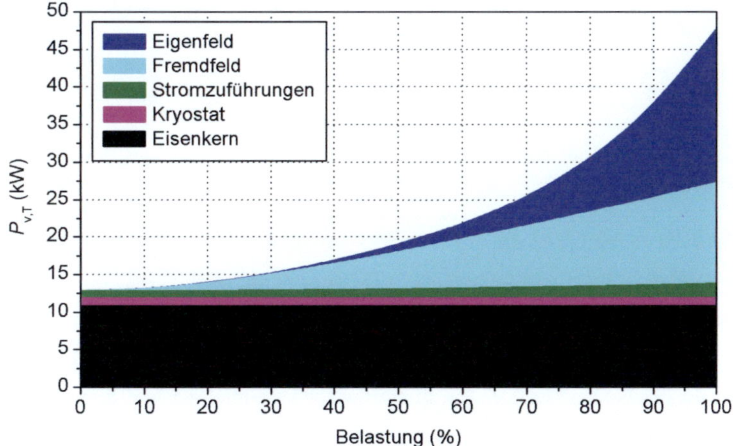

Abb. 6.12: Verlustleistung des supraleitenden Netz-Transformators in Abhängigkeit von der Belastung mit Darstellung der Verlustanteile. Der Wirkungsgrad der Kältemaschine ist hierin bereits mit 7,1 % berücksichtigt.

Im Leerlauf beträgt die Verlustleistung 12,9 kW. Hiervon entstehen 84,4 % im Eisenkern, 7,9 % durch die Kryostatwände und 7,6 % durch Wärmeleitung der Stromzuführungen. Die Wechselstromverluste der Supraleiter sind aufgrund des geringen Leerlaufstroms nur sehr gering. Mit zunehmender Belastung steigen die Verluste in den Stromzuführungen aufgrund der

Widerstandsverluste durch den Laststrom geringfügig an. Außerdem steigen auch die Wechselstromverluste der Supraleiter an. Im Nennbetrieb beträgt die gesamte Verlustleistung 47,8 kW. Hiervon entstehen 22,7 % im Eisenkern, 2,1 % durch Wärmeeintrag der Kryostatwände und 4,1 % durch die Stromzuführungen. Der größte Teil der Wicklungsverluste wird durch die Wechselstromverluste der Supraleiter erbracht. Es entfallen 28,1 % auf die Eigenfeld- und 42,9 % auf die Fremdfeldverluste.

Gegenüberstellung

In Abb. 6.13 sind die Gesamtverlustleistung des konventionellen und des supraleitenden Netz-Transformators gegenübergestellt.

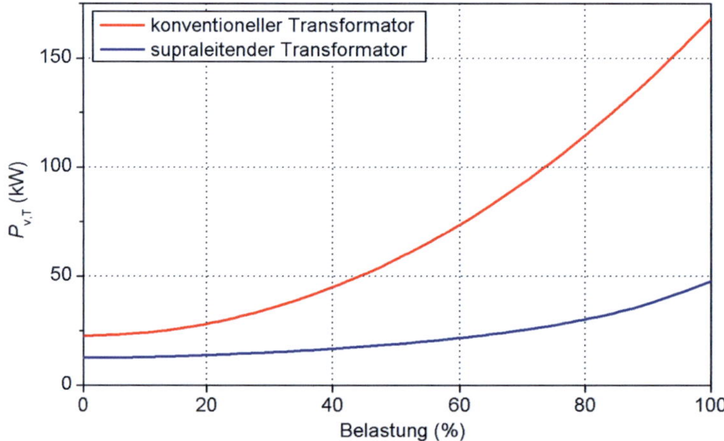

Abb. 6.13: Gegenüberstellung der Verlustleistung des konventionellen und des supraleitenden Netz-Transformators.

In jedem Betriebszustand sind die Verluste des supraleitenden Transformators geringer als die des konventionellen. Die Leerlaufverluste des supraleitenden Transformators betragen nur 56,8 % der Leerlaufverluste des konventionellen Transformators. Hauptursache hierfür ist der wahrscheinlich kleinere Eisenkern des supraleitenden Transformators und die geringere Eisenverlustziffer des Kernmaterials. Ein quantitativer Vergleich ist hier leider nicht möglich, da die Eisenverlustziffer, das Gewicht des Eisenkerns und die Windungsspannung des konventionellen Transformators nicht bekannt sind. Die Windungsspannung des supraleitenden Transformators ist jedoch mit 50 V verhältnismäßig gering, weshalb dessen Eisenquerschnittsfläche ebenfalls verhältnismäßig gering ist. Ebenso wie beim Kraftwerk-Eigenbedarf-Transformator zeigt der supraleitende Transformator mit zunehmender Belastung einen deutlich geringeren Anstieg der Verlustleistung als der konventionelle Transformator. Hauptursache hierfür sind die wesentlich geringeren Wicklungsverluste des supraleitenden Transformators. Im Nennbetrieb beträgt die Verlustleistung des supraleitenden Transformators nur 28,4 % der Verlustleistung des konventionellen Transformators. Dies stellt auch in diesem Beispiel eine wesentliche Reduktion der Verlustleistung durch den Einsatz supraleitender Technik dar.

Abb. 6.14 zeigt ergänzend den Verlauf der Wirkungsgrade in Abhängigkeit von der Belastung.

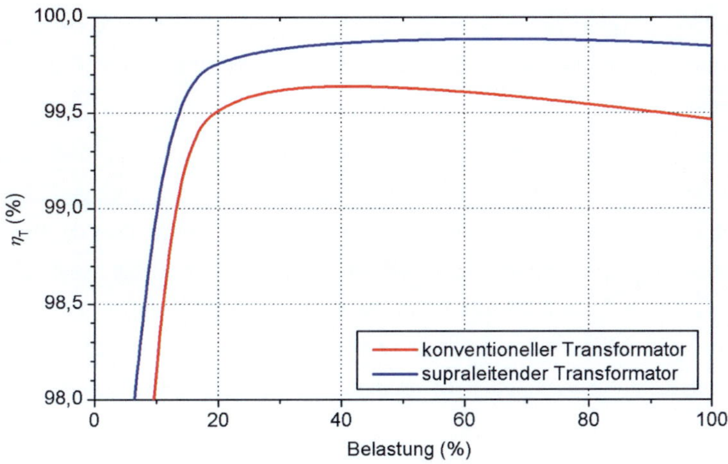

Abb. 6.14: Gegenüberstellung des Wirkungsgrads des konventionellen und des supraleitenden Netz-Transformators in Abhängigkeit von der Belastung.

Da die Verlustleistung des supraleitenden Transformators in jedem Belastungszustand geringer ist als die des konventionellen Transformators, ist auch dessen Wirkungsgrad in jedem Belastungszustand höher als der des konventionellen Transformators. Aufgrund der Leerlaufverluste beider Transformatoren sinken die Wirkungsgrade unterhalb einer Belastung von etwa 10 % auf Werte kleiner als 95,4 % ab. Oberhalb dieses Belastungszustands sind die Wirkungsgrade stets größer als 95,4 %. Der Wirkungsgrad des konventionellen Transformators weist bei 40 % Belastung ein Maximum auf. Der Wirkungsgrad des supraleitenden Transformators weist bei etwa 80 % der Nennbelastung ein Maximum auf. Im Nennbetrieb beträgt der Wirkungsgrad des konventionellen Transformators $\eta_T = 99{,}47\,\%$ und der des supraleitenden Transformators $\eta_T = 99{,}84\,\%$.

Jahresverlustenergie

In Abb. 6.15 sind die Anteile der Jahresverlustenergie, die anhand des Leistungsdiagramms für beide Transformatoren berechnet wurden, gegenübergestellt. Obwohl die Wirkungsgrade beider Transformatoren wie beim Kraftwerk-Eigenbedarf-Transformator weit über 99 % liegen, beträgt die jährliche Energieeinsparung 133,5 MWh. Dies entspricht einer Verlustreduktion von 52,3 % und einer jährlichen CO_2-Einsparung von 76 t CO_2 (CO_2-Emissionsfaktor von 572 g/kWh auf Grundlage des Strommixes im Jahr 2008 [UBA10]).

Von der jährlichen Gesamtenergie-Einsparung entfallen 77 % auf die Reduktion der Eisenkernverluste und 23 % auf die Reduktion der Wicklungsverluste. Die Wicklungsverluste des supraleitenden Transformators sind aufgrund der Verwendung von Supraleitern geringer. Die Eisenkernverluste sind wahrscheinlich auf eine geringere Größe des Eisenkerns (geringe Windungsspannung des supraleitenden Transformators) und auf ein Kernmaterial mit geringer Eisenverlustziffer zurückzuführen. Ein quantitativer Vergleich dieser Kennwerte kann leider nicht vorgenommen werden, weil die Kennwerte des konventionellen Transformators nicht verfügbar waren.

Den größten Anteil der Wicklungsverluste des supraleitenden Transformators tragen die Wechselstromverluste von 8,6 %. Diese bestehen aufgrund der geringen Auslastung fast ausschließlich aus den Fremdfeldverlusten. Aus Abb. 6.12 geht hervor, dass die Eigenfeldverluste erst bei höherer Belastung einen nennenswerten Anteil an den Gesamtverlusten tragen. Ein geringer Anteil der Verluste wird mit 7,3 % durch die Stromzuführungen und mit 7,2 % durch den Wärmeeintrag durch die Kryostatwände verursacht. Demnach würde hier eine Reduktion der Wechselstromverluste der Supraleiter die größte Auswirkung auf eine weitere Verlustreduktion haben.

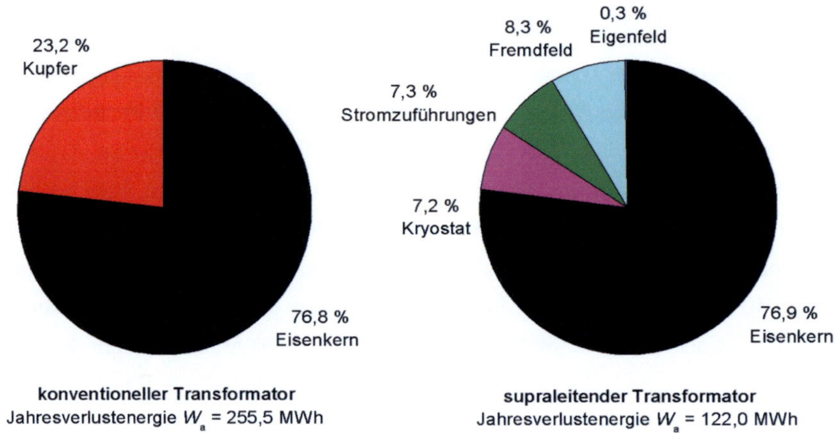

Abb. 6.15: Gegenüberstellung der Jahres-Verlustenergie des konventionellen und des supraleitenden Netz-Transformators.

Bemerkenswert ist, dass in diesem Anwendungsfall der größte Anteil der jährlich eingesparten Verlustenergie durch Reduktion der Eisenkernverluste (77 %) und nur ein geringerer Anteil durch Reduktion der Wicklungsverluste (23 %) bewirkt werden. Hauptursache hierfür ist die geringe Auslastung des Transformators. Wie dem Leistungsdiagramm in Abb. 6.9 zu entnehmen ist, liegt die Belastung des Netz-Transformators nur zwischen 10,4 % und 32,2 %. Den Abbildungen Abb. 6.11 und Abb. 6.12 ist zu entnehmen, dass in diesem Belastungszustand die

Wicklungsverluste eine untergeordnete Rolle spielen und der Hauptteil der Verluste im Eisenkern entsteht. Bei einer höheren Belastung des Transformators wäre der Anteil der Einsparung durch die Wicklungsverluste wesentlich höher. Es kann zusammengefasst werden, dass das Energiesparpotential durch die Verwendung von Supraleitern bei schwach ausgelasteten Transformatoren nur geringe Vorteile bringt und daher in diesen Anwendungsfällen wirtschaftlich nicht sinnvoll erscheint.

Nimmt man Beschaffungskosten für die Verlustenergie von 8,676 ct/kWh [EON10] an, entspricht die Reduktion der jährlich anfallenden Verluste einer Einsparung von etwa 11.582 € jährlich. Bei einer angenommenen Lebenserwartung von 30 Jahren ergibt sich hierdurch eine Einsparung von 347.000 € über die gesamte Lebensdauer des supraleitenden Transformators.

6.4 Zusammenfassung

Anhand der beiden betrachteten Fallbeispiele wurde gezeigt, dass durch den Einsatz supraleitender Transformatoren Verluste reduziert werden und damit Energie eingespart werden kann. Im Fall des Kraftwerk-Eigenbedarf-Transformators beträgt die Einsparung mit 630 MWh 75 % und im Fall des Netz-Transformators mit 133 MWh 52 % der jährlich anfallenden Verlustenergie.

An den beiden Fallbeispielen wurde deutlich, dass durch den Einsatz supraleitender Technik bei stark ausgelasteten Transformatoren mit hohen Nennströmen eine hohe Reduzierung der Verluste erzielt werden kann. In diesen Fällen wird eine Reduktion vor allem durch die Verringerung der Wicklungsverluste erreicht. Bei schwach ausgelasteten Transformatoren kann durch den Einsatz supraleitender Technik nur eine geringe Reduktion der Verluste erzielt werden. Ein größeres Potential zur Verlustreduktion birgt hier eine Verringerung der Eisenmasse durch einen Entwurf mit geringerer Windungsspannung.

In beiden Fallbeispielen haben die Wechselstromverluste der Supraleiter den größten Anteil an den Wicklungsverlusten. Den zweitgrößten Anteil haben die Verluste durch den Wärmeeintrag über die Stromzuführungen und den geringsten Anteil haben die Verluste durch den Wärmeeintrag über die Kryostatwände. Um die Wicklungsverluste supraleitender Transformatoren zu reduzieren, hat eine Reduktion der Wechselstromverluste demnach den größten Einfluss. Ein Ansatz hierzu ist das Verröbeln von YBCO-Bandleitern. An der Entwicklung dieser Technik wird beispielsweise in Neuseeland [Buc10] und Deutschland [GFK09] gearbeitet.

7 Zusammenfassung

Die vorliegende Arbeit leistet einen Beitrag zur Entwicklung supraleitender strombegrenzender Transformatoren. Ausgangspunkt ist die Entwicklung eines Entwurfsgangs für supraleitende strombegrenzende Transformatoren. Im Vorfeld wurde hierfür das Rückkühlverhalten von YBCO-Bandleitern in supraleitenden Strombegrenzern untersucht. Auf Grundlage der Ergebnisse wurde ein Berechnungsverfahren entwickelt, dass es ermöglicht YBCO-Bandleiter so zu bemessen, dass diese nach einer Strombegrenzung auch unter Laststrom rückkühlen. Das neu aufgestellte Berechnungsverfahren wurde in den entwickelten Entwurfsgang integriert. Mittels des Entwurfsgangs wurde ein Labor-Demonstrator spezifiziert, entworfen, gebaut und getestet. An diesem wurden die Strombegrenzung und die anschließende Rückkühlung unter Laststrom untersucht. Weiterhin wurden mit dem Entwurfsgang zwei konzeptionelle Entwürfe für reale Anwendungen von Transformatoren erstellt. Anhand dieser Entwürfe wurde eine Fallstudie zur Energieeinsparung durch supraleitende Transformatoren erstellt. Im Folgenden werden die Ergebnisse der Arbeit zusammengefasst.

Zuerst wurde das Rückkühlverhalten von YBCO-Bandleitern in flüssigem Stickstoff nach einer Strombegrenzung systematisch untersucht. Das Rückkühlverhalten wurde bei verschiedenen Maximaltemperaturen der Bandleiter nach einer Strombegrenzung in Abhängigkeit vom Laststrom messtechnisch ermittelt und analysiert. Die Untersuchungen wurden an Bandleitern unterschiedlicher Breite und unterschiedlicher Stabilisierung durchgeführt. Hauptergebnis ist die Ermittlung des Grenzwertes des Laststromes, bis zu dem Bandleiter noch rückkühlen. Dieser Grenzwert kann nun auf Grundlage der Messergebnisse für verschiedene Bandleiter berechnet werden. Dieses Verfahren kann für die Dimensionierung von YBCO-Bandleitern in supraleitenden Strombegrenzern genutzt werden. Zudem wurde eine ortsaufgelöste Untersuchung des Rückkühlverhaltens durchgeführt. Hierbei wurde beobachtet, dass die Rückkühlung bei hohen Lastströmen nicht homogen verläuft. Die supraleitende Zone breitet sich von den Kontakten ausgehend langsam aus. Dieser Effekt wurde durch Wärmeleitung entlang der Bandleiter und stärkere Kühlung im Übergangsbereich begründet.

Ein Entwurfsgang zur Dimensionierung supraleitender, strombegrenzender Transformatoren wurde erstellt. Im Rahmen dieses Entwurfsgangs wurde ein Verfahren zur Berechnung der Wechselstromverluste von YBCO-Bandleitern in Transformator-Wicklungen und ein Verfahren zur Berechnung der Gesamtverluste supraleitender Transformatoren entwickelt. Weiterhin wurde ein Verfahren zur Dimensionierung von YBCO-Bandleitern in Transformator-Wicklungen entwickelt. Mittels dieses Verfahrens können die Bandleiter so dimensioniert werden, dass beim

Entwurf Vorgabewerte für die Strombegrenzung und die Rückkühlung unter Laststrom eingehalten werden. Darüber hinaus wurde ein Optimierungsverfahren in den Entwurfsgang integriert, welches es ermöglicht, supraleitende Transformatoren nach Volumen, Gewicht, Verlustleistung oder Materialkosten zu optimieren. Die Optimierung erfolgt durch iterative Berechnung der Windungsspannung. Die Vorgehensweise zur Optimierung und die Herleitung der zugehörigen Gleichungen sind im Entwurfsgang beschrieben. Anhand der Ergebnisse der vorliegenden Arbeit können optimierte supraleitende Transformatoren unter Berücksichtigung der strombegrenzenden Eigenschaften und des Rückkühlverhaltens entworfen werden.

Auf Grundlage des erstellten Entwurfsgangs wurde ein supraleitender strombegrenzender 60 kVA Transformator (Labor-Demonstrator) spezifiziert, entworfen, gebaut und getestet. Vorgaben waren hierbei eine Strombegrenzung auf 58 % des unbegrenzten (prospektiven) Kurzschlussstroms und die Rückkühlung unter Nennstrom nach einer Strombegrenzung. Der Transformator wurde unter Laborbedingungen erfolgreich getestet. Hierbei wurde festgestellt, dass alle Vorgabewerte erzielt wurden. Der Transformator begrenzt Kurzschlussströme vom 17-fachen auf den 10-fachen Nennstrom, kühlt nach einer Strombegrenzung mit 60 ms Kurzschlussdauer auch unter Nennlast innerhalb von 2,3 s zurück und ist anschließend wieder vollständig im supraleitenden Zustand. Durch den Bau und Test dieses Labor-Demonstrators wurden die im Entwurfsgang verwendeten Gleichungen verifiziert.

Weiterhin wurde auf Grundlage des Entwurfsgangs eine Fallstudie zur Energieeinsparung durch den Einsatz supraleitender Transformatoren erstellt. Für zwei reale Anwendungsbeispiele wurde hierbei jeweils ein konzeptioneller Entwurf eines supraleitenden Transformators erstellt. Für die entworfenen supraleitenden Transformatoren sowie zwei konventionelle Vergleichstypen wurde die Verlustleistung detailliert in Abhängigkeit des Belastungszustands berechnet. Mittels des geordneten Leistungsdiagramms wurde die Jahresverlustenergie der Transformatoren berechnet und gegenübergestellt. Anhand der beiden betrachteten Fallbeispiele wurde gezeigt, dass durch den Einsatz supraleitender Transformatoren Energie eingespart werden kann. Im Fall des betrachteten Kraftwerk-Eigenbedarf-Transformators beträgt die Einsparung mit 630 MWh 75 % und im Fall des betrachteten Netz-Transformators mit 133 MWh 52 % der jährlich anfallenden Verlustenergie. An den Fallbeispielen wurde deutlich, dass eine Energieeinsparung durch den Einsatz von Supraleitern vor allem bei Transformatoren mit hohen Nennströmen und hoher Auslastung erzielt werden kann.

In nachfolgenden Arbeiten könnte die Skalierbarkeit der Untersuchungsergebnisse des strombegrenzenden Verhaltens sowie des Rückkühlverhaltens supraleitender Transformatoren an einem größeren Demonstratormodell überprüft werden. Hierbei sind insbesondere experimentelle Untersuchungen zum Einfluss der Parallelschaltung und des Stapelns von YBCO-Bandleitern erforderlich. Die Reduktion der Wechselstromverluste in Transformator-Wicklungen ist ein weiteres wichtiges Thema für die Entwicklung supraleitender Transformatoren. Ein Schwerpunkt liegt hier bei der Reduktion der Verluste in den Randbereichen der Wicklungen. Die Verwendung verröbelter YBCO-Bandleiter ist ein Ansatz dafür. Weiterhin sind für eine industrielle Herstellung supraleitender Transformatoren weitere Arbeiten zur Realisierung einer industriell anwendbaren Wickeltechnik sowie Arbeiten auf dem Gebiet der Hochspannungsisolation in flüssigem Stickstoff notwendig. Die wichtigste Weiterentwicklung liegt im Bereich der Leiterherstellung. Die Herstellungsverfahren von YBCO-Bandleitern müssen dahingehend optimiert werden, dass diese in großen Mengen zu geringen Preisen verfügbar sind.

A Ergänzende Informationen

A.1 Messeinrichtung zur Messung des Rückkühlverhaltens von YBCO-Bandleitern in supraleitenden Strombegrenzern

Das elektrische Schaltbild der Messeinrichtung ist in Abb. 3.3 auf Seite 26 in dargestellt. Als Spannungsquelle wurde ein 400 kVA Transformator verwendet. Die Schaltzeiten der Thyristorschalter können beliebig durch die Thyristorsteuerung vorgegeben werden. Der durch den Supraleiter fließende Strom I wurde mittels einer Rogowski Spule gemessen. Die Teilspannungen U_1 bis U_{10} sowie die Gesamtspannung über dem Bandleiter U_{SL} wurden über Spannungsteiler im Betrag reduziert und mit einem Transientenrecorder aufgezeichnet und gespeichert.

- Transformator: SBA, S_N = 400 kVA, 50 Hz, U_{pri} = 225 / 400 V, U_{sek} = 50 – 1000 V in 50 V-Stufen. $I_{pri,max}$ = 200 A, $I_{sek,max}$ = 400 A, Anschluss: Primär 230 V an 400 V Klemme, Sekundär 28,8 V an 50 V-Klemme. Z_i < 60 mΩ

- Thyristorschalter TS_1: GvA Leistungselektronik GmbH, Wechselstromschalter W1C 250V-10kA SE/EB001, Beschaltung: R = 2,2 Ω, C = 3 µF

- Thyristorschalter TS_2: GvA Leistungselektronik GmbH, Kurzschließer 1500V/10kA, Doppelthyristor 5STB18N4200, Beschaltung: R = 10 Ω, C = 6,6 µF

- Rogowskispule: Rocoil, Coil SE 432 mit Three Channel Integrator

- Spannungsteiler: Tektronix, High Voltage Differential Probe P5200, 1:50 / 1/ 500

- Transientenrecorder: Elsys AG, TransAS 2.7.3, 16 Kanäle, U_{max} = 5 V

- Vorwiderstand R_v: 0 – 800 mΩ stufenlos einstellbar

- Lastwiderstand R_L: Heine Dresden, Leistungswiderstände 0,3 – 1 Ω, 750-250 A

A.2 Messeinrichtung zur Messung des elektrischen Widerstands von YBCO-Bandleitern bei tiefen Temperaturen

Zur Messung des temperaturabhängigen Widerstandsbelags von YBCO-Bandleitern bei tiefen Temperaturen wurde die in Abb. A.1 dargestellte Probenhalterung verwendet.

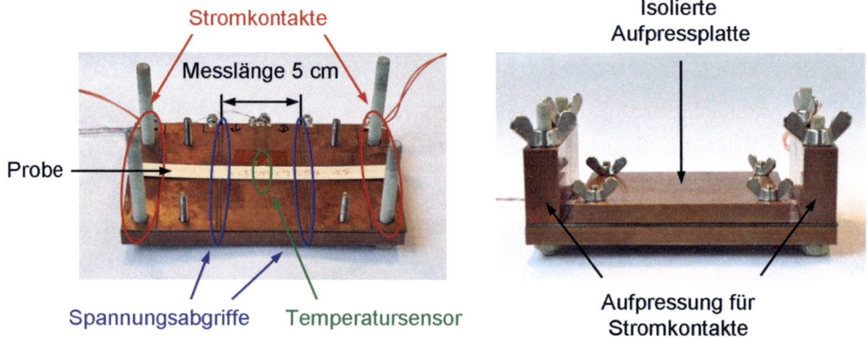

Abb. A.1:   Probenhalterung zur Messung des temperaturabhängigen Widerstandsbelags von YBCO-Bandleitern bei tiefen Temperaturen. Links: Grundplatte mit Probe, Strom- und Spannungskontakten. Rechts: Gesamte Probenhalterung mit Presskontakten.

Die Messung des Widerstands erfolgte durch eine Vierpunktmessung über eine Messlänge von 5 cm. Die Probenhalterung wurde in einen Kryostat eingebracht und mit flüssigem Stickstoff auf eine Temperatur von 77 K gekühlt. Nach dem Abkühlen erwärmte sich die Probenhalterung innerhalb von 13 Stunden auf Raumtemperatur. Während der Aufwärmphase wurde in 10 s Abständen sowohl die Temperatur des Bandleiters als auch dessen Widerstandsbelag gemessen und mittels eines Datenakquisitionsprogramms erfasst und gespeichert. Zur Widerstandsmessung wurde mit einer Stromquelle ein Strom zwischen 10 mA und 50 mA in den Bandleiter eingeprägt und dabei der Spannungsabfall zwischen den Spannungskontakten gemessen. In Abb. 2.3 auf Seite 10 ist exemplarisch eine Messkurve eines Bandleiters dargestellt. Folgende Messgeräte wurden verwendet:

- Temperaturmessung: Lakeshore, 218 Temperature Monitor mit PT1000 Temperatursensor

- Stromquelle: Keithley, 6221 DC and AC Current Source

- Voltmeter: Hewlett Packart, 3458A Multimeter

- Datenakquisitionsprogramm: National Instruments, LabVIEW V8.0 auf einem PC unter Microsoft Windows XP

A.3 Messeinrichtung zur Messung des kritischen Stroms

Die I_c-Messungen wurde automatisiert durch eine Mess- und Steuersoftware durchgeführt. Die Messung von 1 m langen Kurzproben wurde in der in Abb. 3.1 und Abb. 3.2 dargestellten Probenhalterung durchgeführt. Die Proben wurden direkt an eine DC-Stromquelle angeschlossen die von der Mess- und Steuersoftware gesteuert wurde. Die eingestellten Stromwerte wurden schrittweise erhöht. Für jeden angefahrenen Stromwert wurden mit einem Nanovoltmeter nacheinander die Gesamtspannung über dem Bandleiter U_{SL} sowie die Teilspannungen U_1 bis U_{10} gemessen. Das Nanovoltmeter wurde hierzu mittels eines Multiplexers auf die verschiedenen Kanäle geschaltet. Die Messwerte wurden von der Mess- und Steuersoftware ausgelesen und gespeichert. Beim Überscheiten des µV-Kriteriums über die Messlänge von 10 cm galt I_c als erreicht und die Messung wurde beendet. Es wurden die im Folgenden aufgeführten Messgeräte verwendet.

- Mess- und Steuersoftware: National Instruments, LabVIEW V8.0 auf einem PC unter Microsoft Windows XP

- Nanovoltmeter: Keithley 2182 A

- Multiplexer: Agilent 34970 A, 20-Kanal Multiplexer

- DC-Quelle: HEINZINGER PTN3P 6-2000, 6 V, 2000 A

A.4 Tabellenwerte des Stapelfaktors

Tabellenwerte der in Abb. 4.3 dargestellten Werte des in Gl. (4.11) auf Seite 54 eingeführten Stapelfaktors f_S. Die Parameter der Anpassungsfunktion sind $f_0 = 24{,}3$, $c_L = 27{,}9$ und $n_c = 6{,}01$.

Tab. A.1: Werte der Funktion des Stapelfaktors $f(n_{Band})$ in Abhängigkeit von der Anzahl gestapelter Bandleiter n_{Band}. Fett gekennzeichnete Werte markieren Messwerte

n_{Band}	$f(n_{Band})$	n_{Band}	$f(n_{Band})$	n_{Band}	$f(n_{Band})$
1	**1**	10	44,3	19	49,1
2	2,5	11	45,7	20	49,3
3	4,6	12	46,6	21	49,4
4	8,4	13	47,3	22	49,5
5	14,6	14	47,8	23	49,6
6	**23,3**	15	48,2	24	49,7
7	**32**	16	48,5	**25**	**49,8**
8	38,3	17	48,7		
9	42,1	18	48,9		

A.5 Kennwerte des getesteten 60 kVA Transformators

Messeinrichtung zur Messung des Bemessungsstroms der US-Wicklung

Die Messungen wurden automatisiert durch eine Mess- und Steuersoftware durchgeführt. Die Wicklung war direkt an eine DC-Stromquelle angeschlossen, die von der Mess- und Steuersoftware gesteuert wurde. Die eingestellten Stromwerte wurden schrittweise bis zum Bemessungsstrom von 155 A erhöht. Während der Einstellung eines Stromwerts wurden mit einem Nanovoltmeter nacheinander die Teilspannungen über der Wicklung gemessen. Die Teilspannungen wurden über jeweils 10 Windungen gemessen. Das Nanvoltmeter wurde hierzu mittels eines Multiplexers auf die verschiedenen Kanäle geschaltet. Die Messwerte wurden von der Mess- und Steuersoftware ausgelesen und gespeichert. Folgende Messgeräte wurden verwendet:

- Mess- und Steuersoftware: National Instruments, LabVIEW, V8.0 auf einem PC unter Microsoft Windows XP

- Nanovoltmeter: Keithley, 2182 A

- Multiplexer: Agilent, 34970 A, 20-Kanal Multiplexer

- DC-Quelle: HEINZINGER, PTN3P 6-2000, 6 V, 2000 A

Messeinrichtung zur Messung der relativen Kurzschlussspannung

Zur Messung der relativen Kurzschlussspannung wurden folgende Messgeräte verwendet:

- Stelltransformator: Ruhstrat, TSIANDSE, 69,3 kVA, $U_{1N} = 2\text{x}400$ V, $I_{1N} = 2\text{x}53$ A, $U_{2N} = 20$ V, $I_{2N} = 2000$ A

- Spannungs- und Strommessung: Fluke, 435 Power Quality Analyzer

Messeinrichtung zur Messung im Leerlauf- und Nennbetrieb

Für die Messungen im Leerlauf- und Nennbetrieb wurde ein 400 kVA-Transformator als Quelle benutzt. Die Messungen wurden ohne Thyristorschalter durchgeführt um eine kapazitive Belastung durch die Snubber-Kondensatoren der Thyristorschalter im Leerlauf zu vermeiden. Zur Messung wurden folgende Geräte verwendet:

- Transformator: SBA, $S_N = 400$ kVA, 50 Hz, $U_{pri} = 225 / 400$ V, $U_{sek} = 50 - 1000$ V in 50 V-Stufen. $I_{pri,max} = 200$ A, $I_{sek,max} = 400$ A, Anschluss: Primär 230 V an 225 V Klemme, Sekundär 1000 V an 1000 V-Klemme

- Spannungs- und Strommessung: Fluke, 435 Power Quality Analyzer

Messeinrichtung zur Messung der Strombegrenzung und Rückkühlung

Das elektrische Schaltbild der Messeinrichtung ist in Abb. 3.3 auf Seite 26 in dargestellt. Als Spannungsquelle wurde ein 400 kVA Transformator verwendet. Die Schaltzeiten der Thyristorschalter konnten beliebig durch die Thyristorsteuerung vorgegeben werden. Die Ströme I_{os} und I_{us} wurden mittels zwei Rogowski Spule gemessen. Die Spannungen U_{os} und U_{us} sowie die Gesamtspannung über dem Bandleiter U_{SL} wurden über Spannungsteiler im Betrag reduziert und mit einem Transientenrecorder aufgezeichnet und gespeichert. Folgende Geräte wurden bei der Messung verwendet:

- Transformator: SBA, S_N = 400 kVA, 50 Hz, U_{pri} = 225 / 400 V, U_{sek} = 50 – 1000 V in 50 V-Stufen. $I_{pri,max}$ = 200 A, $I_{sek,max}$ = 400 A, Anschluss: Primär 230 V an 225 V Klemme, Sekundär 1000 V an 1000 V-Klemme

- Thyristorschalter TS_1: GvA Leistungselektronik GmbH, Wechselstromschalter W1C 250V-10kA SE/EB001, Beschaltung: R = 2,2 Ω, C = 3 µF

- Rogowskispulen: Rocoil, Coil SE 432 mit Three Channel Integrator

- Spannungsteiler: Tektronix, High Voltage Differential Probe P5200, 1:50 / 1/ 500

- Transientenrecorder: Elsys AG, TransAS 2.7.3, 16 Kanäle, U_{max} = 5 V auf einem PC unter Microsoft Windows XP

- Vorwiderstand R_v: 0 – 800 mΩ stufenlos einstellbar

- Lastwiderstände R_L: Heine Dresden, Leistungswiderstände 0,3 – 1 Ω, 750-250 A

Messung der Sättigungsmagnetisierung des verwendeten Trafoblechs

Die in Abb. A.2 dargestellte Magnetisierungskennlinie des verwendeten Trafoblechs wurde durch Messung einer 5 x 5 mm großen Probe in einem Physical Property Measurement System des Typs PPMS-14 des Herstellers Quantum Design bei einer Temperatur von T = 300 K ermittelt.

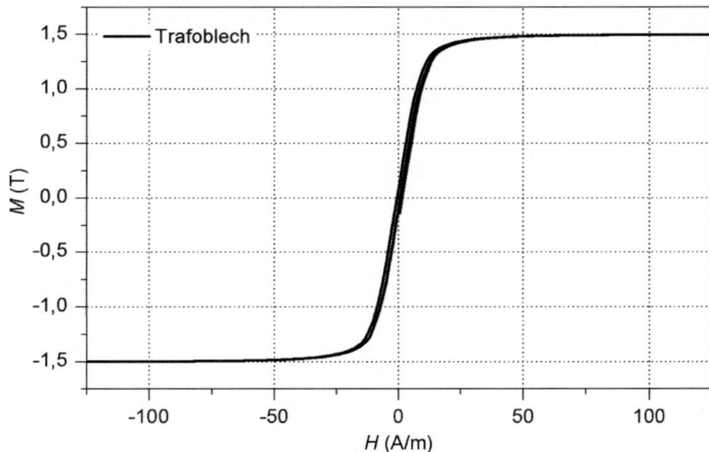

Abb. A.2: Magnetisierungskennlinie des verwendeten Trafoblechs. Es ist ersichtlich, dass die Sättigungsmagnetisierung $B_s = 1{,}5$ T beträgt.

In Tab. A.2: sind die Kennwerte des Entwurfs des supraleitenden 60 kVA Transformators angegeben.

Tab. A.2.a: Kennwerte des Entwurfs des 60 kVA Transformator-Demonstrators.

Hauptausgabegrößen		
Nennleistung	S_N	60 kVA
Nennspannung OS-Wicklung	U_os	1000 V
Nennspannung US-Wicklung	U_us	600 V
Nennstrom OS-Wicklung	I_os	60 A
Nennstrom US-Wicklung	I_us	100 A
Frequenz	f	50 Hz
Relative Kurzschlussspannung	u_k	1,58 %
Wirkungsgrad (bei Nennlast)	η	99,04 %
Leerlaufstrom	I_0	13 A
Hauptinduktivität	L_H	250 mH
Streuinduktivität	L_σ	0,64 mH
Volumen	V_T	73 dm^3
Gewicht	m_T	356 kg
Verlustleistung (Nennbetrieb)	$P_\mathrm{V,T}$	575 W
Entwurfs-Parameter		
Windungsspannung	u_w	10 V
Stromdichte OS-Wicklung (Effektivwert)	j_os	5,0 A/mm^2
Stromdichte US-Wicklung (Effektivwert)	j_us	83,3 A/mm^2
Magnetische Flussdichte im Eisenkern (Scheitelwert)	$\hat{B}_\mathrm{H}$	1,6 mT
Abmessungen		
Höhe Transformator	h_T	610 mm
Breite Transformator	b_T	490 mm
Länge Transformator	ℓ_T	323 mm
Abstand Wicklung – Eisenkern oben/unten	a_h	15 mm
Breite US-Wicklung	b_os	13 mm
Breite OS-Wicklung	b_us	23 mm
Abstand mittlerer Kernschenkel – US-Wicklung	a_i	0 mm
Abstand innere Lage US-Wicklung – äußere Lage US-Wicklung	$a_\mathrm{L,us}$	15 mm
Abstand US-Wicklung – OS-Wicklung	a_w	15 mm
Abstand OS-Wicklung – Mantelschenkel	a_a	4 mm
Eisenkern (E-I-Profil)		
Höhe E-Profil	h_E	530 mm
Breite E-Profil	b_E	490 mm
Länge E-Profil	ℓ_E	200 mm
Fensterhöhe	h_F	450 mm
Fensterbreite	b_F	75 mm
Magnetisch wirksame Querschnittsfläche mittlerer Kernschenkel	$A_\mathrm{Fe,eff}$	2,96 dm^2
Durchmesser Mittlerer Kernschenkel (Umkreis)	d_Fe	222 mm
Breite Mantelschenkel	b_M	80 mm
Höhe I-Profil (Breite und Länge wie E-Profil)	h_I	80 mm
Gesamtgewicht Eisenkern	m_Fe	333 kg
Eisenverlustziffer @1,7 T; Raumtemperatur	v_Fe	1,50 W/kg
Eisenverluste	P_Fe	500 W
Werkstoff	EN-VM 111-35N	

Tab. A.2.b: Kennwerte des Entwurfs des 60 kVA Transformator-Demonstrators.

OS-Wicklung

Höhe Wickelzylinder	$h_{wz,os}$	450 mm
Bewickelte Höhe	$h_{w,os}$	420 mm
Innendurchmesser Wickelzylinder	$d_{wz,i,os}$	298 mm
Außendurchmesser Wickelzylinder	$d_{wz,a,os}$	323 mm
Windungszahl OS-Wicklung	w_{os}	100 Wdg
Anzahl Lagen OS-Wicklung	$n_{L,os}$	1
Höhe lackisolierter Cu-Leiter	$h_{L,os}$	4 mm
Breite lackisolierter Cu-Leiter	$b_{L,os}$	3 mm
Leiterlänge OS-Wicklung	$\ell_{Cu,os}$	102 m
Gewicht OS-Wicklung	m_{os}	18 kg
Elektrischer Widerstand (89 K / 293 K)	R_{os}	18 mΩ / 153 mΩ
Kupferverluste bei Nennstrom	P_{Cu}	65 W

US-Wicklung

Höhe Wickelzylinder	$h_{wz,us}$	450 mm
Bewickelte Höhe	$h_{w,us}$	406 mm
Windungszahl US-Wicklung	w_{us}	60 Wdg
Anzahl Lagen US-Wicklung	$n_{L,us}$	2
Gewicht US-Wicklung	m_{us}	5,2 kg
Breite Cu-stabilisierter YBCO-Bandleiter	b_{SL}	12 mm
Gesamte Leiterlänge US-Wicklung	$\ell_{SL,us}$	46,97 m
Gesamt Widerstand (89 K / 293 K)	R_{us}	330 mΩ / 1578 mΩ
Kritischer Strom der Bandleiter im Eigenfeld	$I_c(0)$	264 A
Bemessungsstrom der Wicklkung	I_r	155 A
Magnetische Flussdichte im Streuspalt (Scheitelwert)	$B_{\sigma,max}$	25 mT
Kritischer Strom der Wicklung im Streufeld	$I_c(B_{\sigma,max})$	178 A
Reduktion des kritischen Stroms durch Streufeld (extrapoliert)	$I_c(B_{\sigma,max})/I_c(0)$	67 %
AC-Verluste bei Nennstrom	P_{AC}	11 W
Bandleiter Breite	b_{SL}	12 mm
Schichtdicke Hastelloy YBCO-Bandleiter	h_{Hs}	45 μm
Schichtdicke Silberbeschichtung YBCO-Bandleiter	h_{Ag}	1,5 μm
Schichtdicke Kupferbeschichtung YBCO-Bandleiter	h_{Cu}	42 μm

Innere Lage

Innendurchmesser Wickelzylinder	$d_{wz,i,us,i}$	222 mm
Außendurchmesser Wickelzylinder	$d_{wz,a,us,i}$	230 mm
Gesamtgewicht	$m_{us,i}$	2,4 kg
Leiterlänge	$\ell_{SL,us,i}$	21,57 m
Elektrischer Widerstand (89 K / 293 K)	$R_{us,i}$	147 mΩ / 719 mΩ

Äußere Lage

Innendurchmesser Wickelzylinder	$d_{wz,i,us,a}$	260 mm
Außendurchmesser Wickelzylinder	$d_{wz,a,us,a}$	268 mm
Gesamtgewicht	$m_{us,a}$	2,8 kg
Leiterlänge	$\ell_{SL,us,a}$	25,22 m
Elektrischer Widerstand (89 K / 293 K)	$R_{us,a}$	183 / 859 mΩ

Tab. A.2.c: Strombegrenzende Eigenschaften des 60 kVA Transformator-Demonstrators.

Strombegrenzung		
Widerstand OS-Wicklung (77 K)	R_{os}	18 mΩ
Widerstand OS-Wicklung bezogen bei (77 K)	R'_{os}	6 mΩ
Streureaktanz Supraleitender Transformator	X_σ	263 mΩ
Streureaktanz Supraleitender Transformator bezogen	X'_σ	95 mΩ
Innenwiderstand der Quelle	Z_i	246 mΩ
Innenwiderstand der Quelle bezogen	Z'_i	89 mΩ
Vorwiderstand	R_v	306 mΩ
Vorwiderstand bezogen	R'_v	110 mΩ
Lastwiderstand	R_L	6,000 Ω
Begrenzungsdauer	t_{lim}	60 ms
Erzielte Messwerte		
Maximaltemperatur US-Wicklung (YBCO-Bandleiter)	T_{max}	186 K
Widerstand US-Wicklung bei T_{max}	R_{us}	912 mΩ
Prospektiver Kurzschlusstrrom Netz (auf US-Ebene bezogen)	$i_{p,Netz}$	2758 A
Prospektiver Kurzschlusstrrom (auf US-Ebene bezogen)	i'_p	2468 A
Begrenzter prospektiver Kurzschlusstrom (auf US-Ebene bezogen)	$i_{p,lim}$	1436 A
Minimaler Begrenzugsstrom (bei $t = 55$ ms)	$i_{lim,min}$	717 A
Verhältnis begrenzt prospektiver / prospektiv Netz	$i_{p,lim}/i_{P,Netz}$	0,52
Begrenzungsfaktor	b	0,58
Verhältnis prospektiv Netz bezogen / Nennstrom (Scheitelwert)	$i_{p,Netz}/\hat{i}_{us,N}$	19,5
Verhältnis prospektiv / Nennstrom (Scheitelwert)	$i_p/\hat{i}_{us,N}$	17,5
Verhältnis begrenzt prospektiv / Nennstrom (Scheitelwert)	$i_{p,lim}/\hat{i}_{us,N}$	10,2
Rückkühldauer bei 25 % Nennstrom	$t_{rec}(I_{us}=25$ A$)$	0,96 s
Rückkühldauer bei 50 % Nennstrom	$t_{rec}(I_{us}=50$ A$)$	1,12 s
Rückkühldauer bei 75 % Nennstrom	$t_{rec}(I_{us}=75$ A$)$	1,46 s
Rückkühldauer bei Nennstrom	$t_{rec}(I_{us}=100$ A$)$	2,30 s
Minimale Ausgangsspannung während Rückkühlung	$U_{us,min}$	530 V

A.6 Kennwerte der entworfenen Transformatoren für die Fallstudie

In diesem Kapitel sind ergänzende Informationen zur in Kapitel 6 beschriebenen Fallstudie zur Energieeinsparung durch supraleitende Transformatoren zusammengefasst. In Abb. A.3 ist eine Skizze der für diese Studie konzeptionell entworfenen supraleitenden Transformatoren dargestellt. Diese Skizze beinhaltet zur Veranschaulichung alle Bemaßungen.

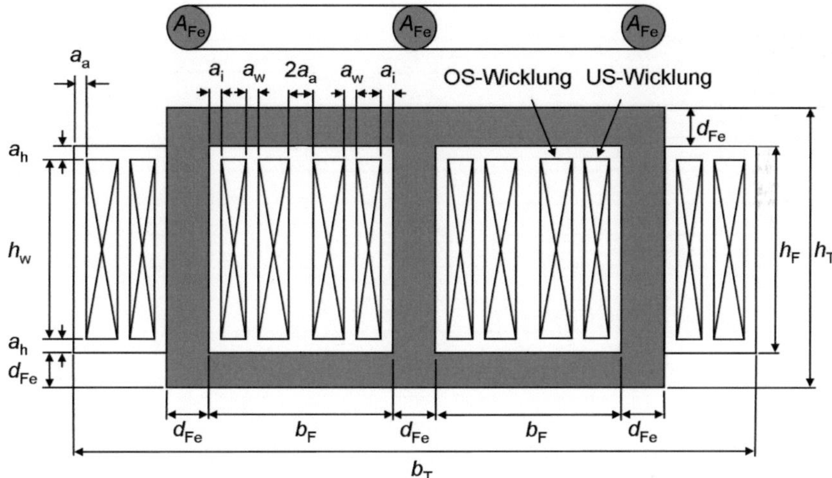

Abb. A.3:   Bauform und Bemaßung des 3-Phasen Transformators. Oben: Schnittbild der Draufsicht. Unten: Schnittbild der Vorderansicht.

In Tab. A.3 sind die Kennwerte des Kraftwerk-Eigenbedarf-Transformators zusammen gefasst.

In Tab. A.4 sind die Kennwerte des Netz-Transformators zusammen gefasst.

Tab. A.3.a: Kennwerte des entworfenen Kraftwerk-Eigenbedarf-Transformators.

Hauptausgabegrößen		
Schaltgruppe		DYn5
Nennleistung	S_N	63 MVA
Strangspannung OS-Wicklung	$U_{Str,os}$	21,0 kV
Strangspannung US-Wicklung	$U_{Str,us}$	9,1 kV
Strangstrom OS-Wicklung	$I_{Str,os}$	1,0 kA
Strangstrom US-Wicklung	$I_{Str,us}$	2,3 kA
Frequenz	f	50 Hz
Relative Kurzschlussspannung	u_k	2,6 %
Leerlaufstrom	I_0	5,42 A
Gewicht	m_T	20,5
Windungszahl OS-Wicklung	w_{os}	247
Windungszahl US-Wicklung	w_{us}	107
Anzahl Lagen OS-Wicklung	$n_{L,p}$	1
Anzahl Lagen US-Wicklung	$n_{L,s}$	1
Parameter		
Windungsspannung	u_w	85 V
Stromdichte OS-Wicklung	j_{os}	53 A/mm^2
Stromdichte US-Wicklung	j_{us}	53 A/mm^2
Magnetische Flussdichte im Eisenkern (Scheitelwert)	$\hat{B}_H$	1,7 T
Eisenverlustziffer	v_{Fe}	0,85 W/kg
Spezifische Eisenkosten	k_{Fe}	9 €/kg
Spezifische Kosten der Supraleiter	k_{SL}	245 €/kA·m
Abmessungen		
Volumen	V_T	6,5 m^3
Transformator Höhe	h_T	3890 mm
Transformator Breite	b_T	2210 mm
Transformator Länge	ℓ_T	740 mm
Eisenkerndurchmesser	d_{Fe}	546 mm
Fensterhöhe	h_F	2797 mm
Wicklungshöhe	h_w	2717 mm
Abstand Wicklung-Kern oben/unten	a_h	40 mm
Fensterbreite	b_F	191 mm
Breite OS-Wicklung	b_{os}	10 mm
Breite US-Wicklung	b_{us}	16 mm
Abstand mittlerer Kernschenkel – US-Wicklung	a_i	40 mm
Abstand zwischen den Lagen US-Wicklung	$a_{L,us}$	10 mm
Abstand zwischen den Wicklungen	a_w	20 mm
Abstand zwischen den Lagen OS-Wicklung	$a_{L,os}$	10 mm
Abstand OS-Wicklung – äußere Kryostatwand	a_a	20 mm
Materialstärke GFK-Wickelzylinder	b_k	5 mm

Tab. A.3.b: Kennwerte des entworfenen Kraftwerk-Eigenbedarf-Transformators.

Supraleiter		
Breite der YBCO-Bandleiter	b_{SL}	4 mm
Kritischer Strom der YBCO-Bandleiter im Eigenfeld	I_c	100 A
Magnetische Flussdichte im Streuspalt	B_σ	162 mT
Angenommene Reduktion des kritischen Stroms der Bandleiter im Streufeld	$I_c(B_\sigma) / I_c(0)$	40 %
Anzahl paralleler Bandleiter OS-Wicklung	$n_{Band,os}$	50
Anzahl paralleler Bandleiter US-Wicklung	$n_{Band,us}$	115
Anzahl Stapel je Windung OS-Wicklung	$n_{Sapel,os}$	2
Anzahl Stapel je Windung US-Wicklung	$n_{Stapel,us}$	4
Kritischer Strom der OS-Wicklung	$I_{c,os}$	2,0 kA
Kritischer Strom der US-Wicklung	$I_{c,us}$	4,6 kA
Benötigte Leiterlänge für OS-Wicklung (1 Phase)	ℓ_{os}	27 km
Benötigte Leiterlänge für US-Wicklung (1 Phase)	ℓ_{us}	73 km
Gesamte benötigte Leiterlänge	ℓ_{ges}	154 km
Stromzuführungen		
Länge einer Stromzuführung / Querschnittsfläche einer Stromzuführung OS	$\ell_{SZF,os} / A_{SZF,os}$	2,50 mm^{-1}
Länge einer Stromzuführung / Querschnittsfläche einer Stromzuführung US	$\ell_{SZF,us} / A_{SZF,us}$	1,87 mm^{-1}

Tab. A.4.a: Kennwerte des entworfenen Netz-Transformators.

Hauptausgabegrößen		
Schaltgruppe		Ynd5
Nennleistung	S_N	31,5 MVA
Strangspannung OS-Wicklung	$U_{Str,os}$	63,5 kV
Strangspannung US-Wicklung	$U_{Str,us}$	20,0 kV
Strangstrom OS-Wicklung	$I_{Str,os}$	165 A
Strangstrom US-Wicklung	$I_{Str,us}$	525 A
Frequenz	f	50 Hz
Relative Kurzschlussspannung	u_k	7,0 %
Leerlaufstrom	I_0	1,1 A
Gewicht	m_T	14,4 t
Windungszahl OS-Wicklung	w_{os}	1270
Windungszahl US-Wicklung	w_{us}	400
Anzahl Lagen OS-Wicklung	$n_{L,p}$	3
Anzahl Lagen US-Wicklung	$n_{L,s}$	1
Parameter		
Windungsspannung	u_w	50 V
Stromdichte OS-Wicklung	j_{os}	62 A/mm^2
Stromdichte US-Wicklung	j_{us}	66 A/mm^2
Magnetische Flussdichte im Eisenkern (Scheitelwert)	$\hat{B}_H$	1,7 T
Eisenverlustziffer	v_{Fe}	0,85 W/kg
Abmessungen		
Volumen	V_T	8,8 m^3
Transformator Höhe	h_T	3910 mm
Transformator Breite	b_T	2240 mm
Transformator Länge	ℓ_T	750 mm
Eisenkerndurchmesser	d_{Fe}	491 mm
Fensterhöhe	h_F	3068 mm
Wicklungshöhe	h_w	2968 mm
Abstand Wicklung-Kern oben/unten	a_h	50 mm
Fensterbreite	b_F	328 mm
Breite OS-Wicklung	b_{os}	47 mm
Breite US-Wicklung	b_{us}	7 mm
Abstand mittlerer Kernschenkel – US-Wicklung	a_i	50 mm
Abstand zwischen den Lagen US-Wicklung	$a_{L,us}$	10 mm
Abstand zwischen den Wicklungen	a_w	50 mm
Abstand zwischen den Lagen OS-Wicklung	$a_{L,os}$	10 mm
Abstand OS-Wicklung – äußere Kryostatwand	a_a	20 mm
Materialstärke GFK-Wickelzylinder	b_k	5 mm

Tab. A.4.b: Kennwerte des entworfenen Netz-Transformators.

Supraleiter		
Breite der YBCO-Bandleiter	b_{SL}	4 mm
Kritischer Strom der YBCO-Bandleiter im Eigenfeld	I_c	100 A
Magnetische Flussdichte im Streuspalt	B_σ	126 mT
Angenommene Reduktion des kritischen Stroms der Bandleiter im Streufeld	$I_c(B_\sigma) / I_c(0)$	40 %
Anzahl paralleler Bandleiter OS-Wicklung	$n_{Band,os}$	7
Anzahl paralleler Bandleiter US-Wicklung	$n_{Band,us}$	21
Anzahl Stapel je Windung OS-Wicklung	$n_{Sapel,os}$	1
Anzahl Stapel je Windung US-Wicklung	$n_{Stapel,us}$	1
Kritischer Strom der OS-Wicklung	$I_{c,os}$	280 A
Kritischer Strom der US-Wicklung	$I_{c,us}$	840 kA
Benötigte Leiterlänge für OS-Wicklung (1 Phase)	ℓ_{os}	18,1 km
Benötigte Leiterlänge für US-Wicklung (1 Phase)	ℓ_{us}	13,7 km
Gesamte benötigte Leiterlänge	ℓ_{ges}	95,5 km
Stromzuführungen		
Länge einer Stromzuführung / Querschnittsfläche einer Stromzuführung OS	$\ell_{SZF,os} / A_{SZF,os}$	26,18 mm^{-1}
Länge einer Stromzuführung / Querschnittsfläche einer Stromzuführung US	$\ell_{SZF,us} / A_{SZF,us}$	4,76 mm^{-1}

B Symbolverzeichnis

a_a	Abstand OS-Wicklung-Mantelschenkel
a_h	Abstand Wicklung-Joch
a_i	Abstand US-Wicklung mittlerer Kernschenkel
a_k	Koeffizient der Materialkosten-Gleichung
a_Lage	Abstand zwischen den Lagen einer Wicklung
a_m	Koeffizient der Gewicht-Gleichung
a_v	Koeffizient der Verlust-Gleichung
a_V	Koeffizient der Volumen-Gleichung
a_w	Abstand zwischen OS- und US-Wicklung
a_Wdg	Abstand zwischen den Windungen
A	Fläche
A_Fe	geometrische Querschnittsfläche des mittleren Kernschenkels
$A_\text{Fe,eff}$	magnetisch wirksame Querschnittsfläche des mittleren Kernschenkels
A_KW	Oberfläche des Kryostaten
A_L	Leiterquerschnittsfläche
A_M	Querschnittsfläche Mantelschenkel
A_SZF	Querschnittsfläche der Stromzuführung
A_W	Fensterfläche
b	Begrenzungsfaktor
b_F	Fensterbreite
b_k	Koeffizient der Materialkosten-Gleichung
b_K	Breite der Wickelzylinder
b_Lage	Breite einer Lage
b_m	Koeffizient der Gewicht-Gleichung
b_M	Breite des Mantelschenkels
b_os	Breite der OS-Wicklung
b_r	Funktion zur Berechnung der radialen Komponente der magnetischen Flussdichte
b_SL	Breite der YBCO-Bandleiter
b_T	Breite des Transformators
b_us	Breite der US-Wicklung
b_V	Koeffizient der Volumen-Gleichung
b_v	Koeffizient der Verlust-Gleichung

b_{Wdg}	Breite einer Windung
b_z	Funktion zur Berechnung der axialen Komponente der magnetischen Flussdichte
B	magnetische Flussdichte
B_c	kritische magnetische Flussdichte
B_{c1}, B_{c2}	kritische magnetische Flussdichte Typ II Supraleiter (in dieser Arbeit wird B_{c2} vereinfacht als B_c bezeichnet)
B_r	radiale Komponente der magnetischen Flussdichte
B_s	senkrechte Komponente der magnetischen Flussdichte
B_S	Sättigungsflussdichte
B_H	magnetische Flussdichte des Hauptflusses
B_p	parallele Komponente der magnetischen Flussdichte
B_z	axiale Komponente der magnetischen Flussdichte
$cel()$	Funktion zur Berechnung der magnetischen Flussdichte durch elliptische Integrale
c_k	Koeffizient der Materialkosten-Gleichung
c_m	Koeffizient der Gewicht-Gleichung
c_p	Wärmekapazität
c_v	Koeffizient der Verlust-Gleichung
c_V	Koeffizient der Volumen-Gleichung
d_{Fe}	Durchmesser mittlerer Kernschenkel
d_{KW}	Dicke der Kryostatwand
d_k	Koeffizient der Materialkosten-Gleichung
d_m	Koeffizient der Gewicht-Gleichung
d_v	Koeffizient der Verlust-Gleichung
d_V	Koeffizient der Volumen-Gleichung
e_k	Koeffizient der Materialkosten-Gleichung
e_m	Koeffizient der Gewicht-Gleichung
e_v	Koeffizient der Verlust-Gleichung
e_V	Koeffizient der Volumen-Gleichung
E	elektrische Feldstärke
E_c	kritische elektrische Feldstärke
f	Frequenz
$f(\chi,\rho,\zeta)$	Funktion zur Berechnung der magnetischen Flussdichte durch elliptische Integrale
f_k	Koeffizient der Materialkosten-Gleichung
f_m	Koeffizient der Gewicht-Gleichung
f_S	Stapelfaktor

$g(\chi,\rho,\zeta)$ Funktion zur Berechnung der magnetischen Flussdichte durch elliptische Integrale

h_{Ag} Schichtdicke Silber (Deckschicht)

h_F Fensterhöhe

h_{Hs} Schichtdicke Kupfer (Stabilisierung)

h_{Hs} Schichtdicke Hastelloy (Substratband)

h_{SL} Gesamthöhe YBCO-Bandleiter

h_T Höhe Transformator

h_w Höhe der Wicklung

h_{Wdg} Höhe einer Windung

h_{YBCO} Schichtdicke YBCO (Supraleiter)

H magnetische Feldstärke

H_σ magnetische Feldstärke des Streufelds

i elektrischer Strom (Momentanwert)

$i_{lim,min}$ minimaler begrenzter Kurzschlussstrom

i_L Laststrom (Momentanwert)

i_p prospektiver Strom

$i_{p,lim}$ begrenzt prospektiver Strom

I elektrischer Strom (Effektivwert)

I_c kritischer Strom

I_G Grenzwert der Rückkühlung (Scheitelwert des Stroms durch den Bandleiter)

I_{os} Nennstrom OS-Wicklung

I_r Bemessungsstrom

I_{rec} Maximaler Rückkühlstrom (soll-Wert)

I_{SZF} Strom durch Stromzuführung (Effektivwert)

I_{us} Nennstrom US-Wicklung

j Stromdichte

j_c kritische Stromdichte

j_{eff} Effektive Stromdichte

j_{os} Stromdichte der Leiter der OS-Wicklung

j_{us} Stromdichte der Leiter der US-Wicklung

$k_c(\chi,\rho,\zeta)$ Funktion der Berechnung der magnetischen Flussdichte durch elliptische Integrale

K_T Materialkosten des Transformators

ℓ Länge

ℓ^* Approximation der Leiterlänge

ℓ_{SZF}	Länge der Stromzuführung
ℓ_W	mittlere Windungslänge
ℓ_{Fe}	effektive Eisenkreislänge
L_H	Hauptinduktivität
L_σ	Streuinduktivität
m	Masse
m_{Fe}	Masse des Eisenkerns
m_T	Masse des Transformators
m_W	Masse der Wicklungen
n	n-Wert (Potenzgesetz)
n_{Band}	Anzahl parallel geschalteter Bandleiter
n_{Lage}	Anzahl der Lagen
n_{SZF}	Anzahl der Stromzuführungen
P'_{ab}	spezifische abgeführte Leistung, auf die Leiterlänge bezogen
P_{AC}	Wechselstromverluste
P^*_{AC}	Approximation der Wechselstromverluste
P_{Eigen}	Eigenfeldverluste
P_{Fe}	Verlustleistung des Eisenkerns
P_{Fremd}	Fremdfeldverluste
P_H	Hystereseverluste
$P_{v,T}$	Verlustleistung des Transformators
P_W	Wirbelstromverluste
P'_{zu}	spezifische zugeführte Leistung, auf die Leiterlänge bezogen
$\dot{q}_w$	Wärmestromdichte
$\dot{q}'_w$	spezifische Wärmestromdichte
$\dot{q}_{KW}$	spezifische Wärmestromdichte der Kryostatwand
$\dot{Q}$	Wärmestrom
$\dot{Q}_{KW}$	Wärmestrom durch Kryostatwand
$\dot{Q}_{SZF}$	Wärmestrom durch Stromzuführung
r	radiale Koordinate
r_{os}	mittlerer Radius OS-Wicklung
$r_{os,a}$	Außenradius OS-Wicklung
$r_{os,i}$	Innenradius OS-Wicklung
r_{Spalt}	mittlerer Radius Streuspalt

r_{us}	mittlerer Radius US-Wicklung
$r_{\mathrm{us,a}}$	Außenradius US-Wicklung
$r_{\mathrm{us,i}}$	Innenradius US-Wicklung
R_{Fe}	Widerstand des Eisenkerns
R_{os}	Widerstand OS-Wicklung
R_{SL}	elektrischer Widerstand des technischen Supraleiters
R'_{SL}	Widerstandsbelag des technischen Supraleiters
R_{us}	Widerstand US-Wicklung
R_{v}	Vorwiderstand
S_{N}	Nennleistung
t	Zeit
t_{b}	Bemessungs-Ausschaltzeit
t_{i}	Zeitintervall
t_{lim}	Begrenzungsdauer
t_{rec}	Rückkühldauer
T	Temperatur
T_{c}	kritische Temperatur
T_{H}	Umgebungstemperatur
T_{K}	Kühltemperatur
T_{max}	Maximaltemperatur
$T_{\mathrm{W,max}}$	Maximaltemperatur der Wicklung
u	elektrische Spannung (Momentanwert)
u_{k}	relative Kurzschlussspannung
u_{w}	Windungsspannung
U	elektrische Spannung (Effektivwert)
U_0	Leerlaufspannung
U_{SL}	Spannung über dem Supraleiter (Effektivwert)
U_{os}	Nennspannung OS-Wicklung
U_{us}	Nennspannung US-Wicklung
v_{Fe}	Eisenverlustziffer
V_{T}	Volumen des Transformators
w_{os}	Windungszahl OS-Wicklung
w_{us}	Windungszahl US-Wicklung
W_{a}	Jahresverlustenergie
x	Weglänge oder Koordinate

X_σ	Streureaktanz des Transformators
z	Axiale Koordinate
Z_i	Quellen-Innenwiderstand
Z_L	Lastwiderstand
ΔT	Temperaturdifferenz
φ_{Fe}	Eisenfüllfaktor
φ_W	Fensterfüllfaktor
Φ_H	magnetischer Hauptfluss
λ_{KW}	Wärmeleitkoeffizient Kryostatwand
λ_{SZF}	Wärmeleitkoeffizient des Werkstoffs der Stromzuführung
ρ	Variable
ρ_{Ag}	Spezifischer Widerstand von Silber
ρ_{Cu}	Spezifischer Widerstand von Kupfer
ρ_d	Spezifische Dichte
ρ_{Hs}	Spezifischer Widerstand von Hastelloy
ρ_{SZF}	Spezifischer Widerstand des Werkstoffs der Stromzuführung
ρ_{YBCO}	Spezifischer Widerstand von YBCO
η	Wirkungsgrad
η_T	Gesamtwirkungsgrad Transformator
η_C	Carnot-Wirkungsgrad
η_{KM}	Wirkungsgrad der Kältemaschine
ζ	Variable
μ_0	magnetische Feldkonstante
μ_r	Permeabilitätszahl
μ_F	Fensterverhältnis
χ	Variable
ψ	Variable
ω	Kreisfrequenz

C Abkürzungen und Indizes

Indizes

0	Leerlaufbetrieb
a	Außen
Ag	Silber
Cu	Kupfer
eff	Effektivwert
Fe	Eisen
i	Innen
KW	Kryostatwand
lim	Begrenzungsbetrieb
min	Minimum
max	Maximum
n	Iterationsschritt des vorliegenden Entwurfs
N	Nennbetrieb
os	Oberspannung
p	parallel
r	radial
rec	Rückkühlbetrieb
s	senkrecht
SL	Supraleiter
SZF	Stromzuführung
us	Unterspannung
w	Wicklung
z	axial
σ	Streuwert

Abkürzungen

BSCCO Supraleitendes Material aus $Bi_2Sr_2Ca_1Cu_2O_y$ bzw. $Bi_2Sr_2Ca_2Cu_3O_y$

Cu   Kupfer

HTSL   Hochtemperatursupraleiter

KS   Kurzschluss

LN_2 flüssiger Stickstoff

SL   Supraleiter

YBCO   Supraleitendes Material aus $YBa_2Cu_3O_{7-x}$

OS   Oberspannung

US   Unterspannung

D   Literaturverzeichnis

[ABB08]   ABB AG. Persönliche Mitteilung. Angabe der Kennwerte des konventionellen 63 MVA Kraftwerk-Eigenbedarf-Transformators. Mai 2008.

[ANJ04]   AMEMIYA N.; NISHIOKA T.; JIANG Z.; YASUDA K.: *Influence of film width and magnetic field orientation on AC loss in YBCO thin film.* In: Superconductor Science and Technology 17 (2004), 3, S. 485.

[BCN10]   BERGER, A.; CHEREVATSKIY, S.; NOE, M.; LEIBFRIED, T.: *Comparison of the Efficiency of Superconducting and Conventional Transformers.* In: Journal of Physics: Conference Series 234 (2010), 3, 032004. URL http://iopscience.iop.org/1742-6596/234/3/032004/pdf/1742-6596_234_3_032004.pdf

[BFS75]   BUYANOV, Y. L.; FRADKOV, A. B.; SHEBALIN, I. Y.: *A Review of Current Leads for Cryogenic Devices.* In: Cryogenics 15 (1975), Nr. 4, S. 193–200. URL http://www.sciencedirect.com/science/article/B6TWR-48N5X84-1FS/2/e1136df8e54126c171a6ad0d46a04588

[BI93]   BRANDT, E. H.; INDENBOM, M.: *Type-II-Superconductor Strip With Current in a Perpendicular Magnetic Field.* In: Phys. Rev. B 48 (1993), Nr. 17, S. 12893–12906

[BKH04]   BUCKEL, W.; KLEINER, R.; HUEBENER, R.: *Superconductivity: Fundamentals and Applications.* 2., rev. and enl. ed. Weinheim: Wiley-VCH-Verl., 2004

[BLS09]   BALDAN, C. A.; LAMAS, J. S.; SHIGUE, C. Y.; RUPPERT, E.: *Fault Current Limiter Using YBCO Coated Conductor-The Limiting Factor and its Recovery Time.* In: IEEE Transactions on Applied Superconductivity 19 (2009), Nr. 3, S. 1810–1813

[BM86]   BEDNORZ, J. G., MÜLLER, K. A.,: *Possible High T_c Superconductivity in the Ba−La−Cu−O System.* In: IEEE Transactions on Applied Superconductivity 19 (2009), Nr. 3, S. 1810–1813

[BNG10]   BERGER, A.; NOE, M.; GOLDACKER, W.; KUDYMOW, A.: *Recovery characteristic of coated conductors for superconducting fault current limiters.* Wird veröffentlicht in: IEEE Transactions on Applied Superconductivity: Conference Proceedings (2010), Applied Superconductivity Conference 2010, Washington D.C.

[BNK10]   BERGER, A.; NOE, M.; KUDYMOW, A.: *Test Results of 60 kVA Current Limiting Transformer with full Recovery under Load*. Wird veröffentlicht in: IEEE Transactions on Applied Superconductivity: Conference Proceedings (2010), Applied Superconductivity Conference 2010, Washington D.C.

[Buc10]   BUCKLEY, B.: *HTS Power Systems: HTS Transformer*. URL http://www.irl.cri.nz/our-research/high-tech-manufacturing/high-temperature-superconductors/hts-power-systems

[CEC06]   CLICKNER, C. C.; EKIN, J. W.; CHEGGOUR, N.; THIEME, C. L. H.; QIAO, Y.; XIE, Y.-Y.; GOYAL, A.: *Mechanical Properties of Pure Ni and Ni-alloy Substrate Materials for Y-Ba-Cu-O Coated Superconductors*. In: Cryogenics 46 (2006), Nr. 6, S. 432–438. URL
http://www.sciencedirect.com/science/article/B6TWR-4JHMY5K-3/2/f0a88398720640e42318516dba5624ff

[CH08]   CZICHOS, H.; HENNECKE, M.: *Hütte - Das Ingenieurwesen*. Berlin, Heidelberg: Springer-Verlag, 2008. URL
http://dx.doi.org/10.1007/978-3-540-71852-9

[CXX08]   CHEN, Y.; XIONG, X.; XIE, Y.; QIAO, Y.; ZHANG, X.: *Recent Progress in Second-Generation HTS Wire Technology at SuperPower*. In: Mater. Res. Soc. Symp. Proc. 1099 (2008), 1099-II01-02. URL
http://www.mrs.org/s_mrs/bin.asp?CID=12414&DID=215440&DOC=FILE.PDF

[Del01]   DEL VECCHIO, R. M.: *Transformer Design Principles*: With applications to core-form power transformers. Amsterdam: Gordon & Breach, 2001

[ENB08]   ENBW KRAFTWERKE AG: Persönliche Mitteilung. Leistungsdiagramm eines Kraftwerk-Eigenbedarf-Transformators. September 2008

[EON08]   E.ON BAYERN AG: Persönliche Mitteilung. Kennwerte eines Netz-Transformators. August 2008

[EON10]   E.ON BAYERN AG: *Angabe der Netzveluste*. nach (§10 StromNEV Abs. 2). Stand 28.2.2010. www.eon-bayern.com

[FAF09]   FURUSE, M.; AGATSUMA, K.; FUCHINO, S.: *Evaluation of Loss of Current Leads for HTS Power Apparatuses*. Fourth Asian Conference on Applied Superconductivity and Cryogenics. In: Cryogenics 49 (2009), Nr. 6, S. 263–266. URL http://www.sciencedirect.com/science/article/B6TWR-4TJX1V7-1/2/d2e9aff9bd87234778f5e3416eaecb68

[FH81]   FREY, H.; HAEFER, R. A.: *Tieftemperaturtechnologie*. Düsseldorf: VDI-Verl., 1981

[Fis99]   FISCHER, S.: *Transiente Wärmeentwicklung und Wärmeabfuhr an supraleitenden Strombegrenzendern in Flüssigstickstoff*. Dissertation. Braunschweig, Universität Carolo-Wilhelmina zu Braunschweig, Institut für Hochspannungstechnik und Elektrische Energieanlagen. 1999.

[Fla93]   FLANAGAN, W. M.: *Handbook of Transformer Design and Applications*. 2. ed. New York [u.a.]: McGraw-Hill, 1993

[GA07a]   GRILLI, F.; ASHWORTH, S. P.: *Quantifying AC Losses in YBCO Coated Conductor Coils*. In: IEEE Transactions on Applied Superconductivity 17 (2007), Nr. 2, S. 3187–3190

[GA07b]   GRILLI, F.; ASHWORTH, S. P.: *Measuring Transport AC Losses in YBCO-Coated Conductor Coils*. In: Superconductor Science & Technology 20 (2007), Nr. 8, S. 794–799

[Geo09]   GEORGILAKIS, P. S.: *Spotlight on Modern Transformer Design*. Dordrecht, Heidelberg [u.a.]: Springer, 2009 (Power Systems)

[GF07]   GROTE, K.-H.; FELDHUSEN, J.: *Dubbel: Taschenbuch für den Maschinenbau*. Berlin, Heidelberg: Springer-Verlag Berlin Heidelberg, 2007.

[GFK09]   GOLDACKER, W.; FRANK, A.; KUDYMOW, A.; HELLER, R.; KLING, A.; TERZIEVA, S.; SCHMIDT, C.: *Status of high transport current ROEBEL assembled coated conductor cables*. In Superconductor Science and Technology 22 (2009), Nr. 8, 034003.

[HXQ06]   HAZELTON, D. W.; XIE, Y. Y.; QIAO, Y.; ZHANG, E.; SELVAMANICKAM, V.: *Superpower's Second Generation HTS Conductor Design for Stability and Low AC Losses*. In: Advances in Cryogenic Engineering, Vol 52A & 52B 824 (2006), S. 859–868

[IHO09] IWAKUMA, M.; HAYASHI, H.; OKAMOTO, H.; TOMIOKA, A.; KONNO, M.; SAITO, T.; IIJIMA, Y.; SUZUKI, Y.; YOSHIDA, S.; YAMADA, Y.; IZUMI, T.; SHIOHARA, Y.: *Development of REBCO Superconducting Power Transformers in Japan*. In: Physica C-Superconductivity and its Applications 469 (2009), 15-20, S. 1726–1732

[IM07] IVERS-TIFFÉE, E.; MÜNCH, W. von: *Werkstoffe der Elektrotechnik*. 10. überarbeitete und erweiterte Auflage. Wiesbaden: B.G. Teubner Verlag / GWV Fachverlage GmbH Wiesbaden, 2007

[JAN06] JIANG, Z.; AMEMIYA, N.; NAKAHATA, M.; IIJIMA, Y.; KAKIMOTO, K.; SAITOH, T.; SHIOHARA, Y.: *AC Loss Characteristics of YBCO Coated Conductors With Varying Magnitude of Critical Current*. In: Applied Superconductivity, IEEE Transactions on 16 (2006), Nr. 2, S. 85–88. URL   doi:10.1109/TASC.2005.869632

[KIH08] KOJIMA, H.; ITO, S.; HAYAKAWA, N.; ENDO, F.; NOE, Mathias; OKUBO, H.: *Self-Recovery Characteristics of Hhigh-Tc Superconducting Fault Current Limiting Transformer (HTc-SFCLT) with 2G Coated Conductors*. In: Journal of Physics: Conference Series 97 (2008), S. 012154 (6pp). URL http://stacks.iop.org/1742-6596/97/012154

[KKH10] KOTARI, M.; KOJIMA, H.; HAYAKAWA, N.; ENDO, F.; OKUBO, H.: *Development of 2 MVA Class Superconducting Fault Current Limiting Transformer (SFCLT) with YBCO Coated Conductors*. 8th European Conference on Applied Superconductivity (EUCAS'09) (2010)URL http://ewh.ieee.org/tc/csc/europe/newsforum/pdf/EUCAS2009-ST141.pdf

[KMR08] KÜPFMÜLLER, K.; MATHIS, W.; REIBIGER, A.: *Theoretische Elektrotechnik*. Berlin, Heidelberg: Springer-Verlag, 2008. URL http://dx.doi.org/10.1007/978-3-540-78590-3

[Kom95] KOMAREK, P.: *Hochstromanwendung der Supraleitung*. Stuttgart: Teubner, 1995 (Teubner-Studienbücher. Elektrotechnik, Physik)

[KSW08] KRAEMER, H. P.; SCHMIDT, W.; WOHLFART, M.; NEUMUELLER, H. W.; OTTO, A.; VEREBELYI, D.; SCHOOP, U.; MALOZEMOFF, A. P.: *Test of a 2 MVA Medium Voltage HTS Fault Current Limiter Module Made of YBCO Coated Conductors*. In: 8th European Conference on Applied Superconductivity (EUCAS'07) 97 (2008)

[Küc96]   KÜCHLER, A.: *Hochspannungstechnik.* 2., vollst. übearb. und erw. Aufl.: Springer, 1996

[Lar97]   LARBALESTIER, D.: *Power Applications of Superconductivity in Japan and Germany.* URL http://www.wtec.org/loyola/pdf/scpa.pdf

[Lar98]   LARBALESTIER, D.: *Handbook of Applied Superconductivity.* ed. B. Seeber (1998), S. No. 6703 (1998), 657

[Leh09]   LEHNER T. F.: *SuperPower Partners with Waukesha Electric Systems in DOE Smart Grid Demonstration Program.* URL http://www.superpower-inc.com/content/superpower-partners-waukesha-build-sfcl-transformer-u-s-doe-energy-smart-grid-demonstration-

[Lei06]   LEIBFRIED, T.: *Elektrische Anlagen- und Systemtechnik.* Vorlesungsskript. Universität Karlsruhe (TH), Institut für Elektroenergiesysteme und Hochspannungstechnik. 2006.

[LHW09] LLAMBES, J. C.; HAZELTON, D. W.; WEBER, C. S.: *Recovery Under Load Performance of 2nd Generation HTS Superconducting Fault Current Limiter for Electric Power Transmission Lines.* In: IEEE Transactions on Applied Superconductivity 19 (2009), Nr. 3, S. 1968–1971

[Mae93]   MAEDA, H.: *High-Tc Bi-based oxide Superconductors - A Citation-Classic Commentary on a New Hifh-Tc Oxide Superconductor Without a Rare-Earth Element.* In: Current Contents/Physical Chemical & Earth Sciences (1993), Nr. 16

[MAP10]   MARTINEZ, E.; ANGUREL, L. A.; PELEGRIN, J.; XIE, Y. Y.; SELVAMANICKAM, V.: *Thermal Stability Analysis of YBCO-Coated Conductors Subject to Over-Currents.* In: Superconductor Science and Technology 23 (2010), Nr. 2, S. 25011. URL http://stacks.iop.org/0953-2048/23/i=2/a=025011

[MC62]   MERTE, H.; CLARK, J. A.: *Boiling Heat Transfer Data for Liquid Nitrogen at Standard and Near-Zero Gravity.* In: Advanced Cryogenic Engineering. 7 (1962), S. 546–550

[Mer63]   MERCOUROFF, W.: *Minimization of Thermal Losses due to Electrical Connections in Cryostats.* In: Cryogenics 3 (1963), Nr. 3, S. 171–173. URL http://www.sciencedirect.com/science/article/B6TWR-4CRP5FY-31/2/a821048cd2329d5d24b41f4a8b67ee83

[Mül97]   MÜLLER, K.-H.: *Self-field Hysteresis Loss in Periodically Arranged Superconducting Strips*. In: Physica C: Superconductivity 289 (1997), 1-2, S. 123–130. URL http://www.sciencedirect.com/science/article/B6TVJ-3SPCRH1-1W/2/f95394a3289a29cef4084861490f00ca

[MW01]   MAGNUSSON, N.; WOLFBRANDT, A.: *AC Losses in High-Temperature Superconducting Tapes Exposed to Longitudinal Magnetic Fields*. In: Cryogenics 41 (2001), Nr. 10, S. 721–724. URL http://www.sciencedirect.com/science/article/B6TWR-452V70Y-4/2/14e64d0fc08699c6353cc9c81a70f208

[NBT10]   NGUYEN, N.; BARNIER, C.; TIXADOR, P.: *Optical Iinvestigation of the Quenching of Coated Conductors*. In: Journal of Physics: Conference Series 234 (2010), 3, 032058. URL http://iopscience.iop.org/1742-6596/234/3/032058/pdf/1742-6596_234_3_032058.pdf

[Noe08]   NOE, M.: *Supraleitende Systeme für Ingenieure*. Vorlesungsfolien. Institut für Technische Physik, Karlsruhe Institut für Technologie. Karlsruhe 2008.

[NSK09]   NEUMUELLER, H. W.; SCHMIDT, W.; KRAEMER, H. P.; OTTO, A.; MAGUIRE, J.; YUAN, J.; FOLTS, D.; ROMANOSKY, W.; GAMBLE, B.; MADURA, D.; MALOZEMOFF, A. P.; LALLOUET, N.; ASHWORTH, S. P.; WILLIS, J. O.; AHMED, S.: *Development of Resistive Fault Current Limiters Based on YBCO Coated Conductors*. In: IEEE Transactions on Applied Superconductivity 19 (2009), Nr. 3, S. 1950–1955

[NSY91]   NARUMI, E.; SONG, L. W.; YANG, F.; PATEL, S.; KAO, Y. H.; SHAW, D. T.: *Critical Current Density Enhancement in YBa2Cu3O6 Films on Buffered Metallic Substrates*. In: Applied Physics Letters. In: Applied Physics Letters DOI - 10.1063/1.104364 58 (1991), Nr. 11, S. 1202–1204

[NS07]   NOE, M.; STEURER, M.: *High−Temperature Superconductor Fault Current Limiters: Concepts, Applications, and Development Status*. In: Superconductor Science & Technology 20 (2007), Nr. 3, S. R15−R29

[Nor70]   NORRIS, W. T.: *Calculation of Hysteresis Losses in Hard Superconductors Carrying AC: Isolated Conductors and Edges of Thin Sheets*. In: Journal of Physics D: Applied Physics 3 (1970), Nr. 4, S. 489–507

[PJR07]   PARK, M.; JO, Y. S.; RYU, K. S.: *Recent Activities of HTS Power Application in Korea*. In: International Journal of Applied Ceramic Technology 4 (2007), Nr. 3, S. 217–224

[Pre83]   PRECHTL, A.: *Felder und Kräfte in Zylinderspulen*. In: Electrical Engineering (Archiv für Elektrotechnik) 66 (1983), Nr. 5, S. 351–364

[RDB74]   RÜDENBERG, R.; DORSCH, H.; BÖNING, W.: *Elektrische Schaltvorgänge*. 5. neuberarb. Aufl./. Berlin: Springer, 1974. ISBN 3-540-05766-8

[RJP06]   RYU, K. S.; JO, Y. S.; PARK, M.: *Overview of the Development of the Advanced Power System by the Applied Superconductivity Technologies Programme in Korea*. In: Superconductor Science & Technology 19 (2006), Nr. 3, S. S102-S108

[Sch09]   SCHWENTERLY, B.: *HTS Transformer Development*. HTS Peer Review 2009 (DOE Peer Review). Alexandria, VA, 22314, Ph. 703-253-8600, 2009. URL http://www.htspeerreview.com/. – Aktualisierungsdatum: 2009

[Sch09a]   SCHACHERER, C.: *Theoretische und experimentelle Untersuchungen zur Entwicklung supraleitender resistiver Strombegrenzer*. Dissertation. Karlsruhe: Universitätsverlag Karlsruhe, 2009 (Karlsruher Schriftenreihe zur Supraleitung 001)

[SDK07]   SHIN, H. S.; DIZON, J. R. C.; KO, R. K.; KIM, T. H.; HA, D. W.; OH, S. S.: *Reversible Tensile Strain Dependence of the Critical Current in YBCO Coated Conductor Tapes*. Proceedings of the 19th International Symposium on Superconductivity (ISS 2006). In: Physica C: Superconductivity 463-465 (2007), S. 736–741

[See98]   SEEBER B.: *Handbook of Applied Superconductivity*. Bristol: Inst. of Physics Publ., 1998.

[Sis05]   SISSIMATOS, E.: *Technik und Einsatz von hochtemperatur-supraleitenden Leistungstransformatoren*. Dissertation. Universität Hannover, Institut für Energieversorgung und Hochspannungstechnik. 2005.

[SKN07]   SCHMIDT, W.; KRAEMER, H. P.; NEUMUELLER, H. W.; SCHOOP, U.; VEREBELYI, D.; MALOZEMOFF, A. P.: *Investigation of YBCO Coated Conductors for Fault Current Limiter Applications*. In: IEEE Transactinos on Applied Superconductivity 17 (2007), Nr. 2, S. 3471–3474

[SKN08] SCHACHERER, C.; KUDYMOW, A.; NOE, M.: *Dissipated Energy as a Design Parameter of Coated Conductors for their Use in Resistive Fault Current Limiters.* In: Journal of Physics: Conference Series 97 (2008), S. 012193 (5pp). URL http://stacks.iop.org/1742–6596/97/012193

[SSW08a] SCHWARZ, M.; SCHACHERER, C.; WEISS, K. P.; JUNG, A.: *Thermodynamic Behaviour of a Coated Conductor for Currents Above I-c.* In: Superconductor Science & Technology 21 (2008), Nr. 5

[STI10] STIRLING CRYOGENIGS BV: *Power Coolers. The ultimate way of cooling power.* Produktbroschüre. 2010.

[THY10] THYSSENKRUPP ELECTRICAL STEEL: *Kornorientiertes Elektroband: Garantierte magnetische Eigenschaften.* Produktbroschüre. 2009. URL: www.tkes.com/web/tkeswebcms.nsf/www/de_garantierte_Werte_Powercore_H.html

[UBA10] UMWELT BUNDES AMT: *Entwicklung der spezifischen Kohlendioxid-Emissionen des deutschen Strommix 1990-2008.* Internetdokumen. 2010. http://www.umweltbundesamt.de/energie/archiv/co2-strommix.pdf

[VDI06] VEREIN DEUTSCHER INGENIEURE – VDI: *VDI-Wärmeatlas.* CD-ROM 3.0: Berlin: Springer, 2006

[VDN04] VERBAND DER NETZBETREIBER – VDN – E.V. BEIM VDEW: *Daten und Fakten: Stromnetze in Deutschland 2004. Basisdaten zum Stromnetz.* 2004. Broschüre. URL www.vdn-berlin.de

[WAT87] WU, M. K.; ASHBURN, R. J.; TORNG, C. J.; HOR, P. H.; MENG, R. L.; GAO, L.; HUANG, Z. J.; WANG, Y. Q.; CHU, C. W.: *Superconductivity at 93-K in a New Mixes-Phase Y-Ba-Cu-O Compound System at Ambient Pressure.* In: Physical Review Letters 58 (1987), Nr. 9, S. 908–910

[WF93] WESCHE, R.; FUCHS, A. M.: *Design of superconducting current leads.* In: Cryogenics, vol. 34, no. 2, pp. 145–154, 1994. http://www.sciencedirect.com/science/article/B6TWR-48HY6PK-N7/2/d81294414ab382a6c360efe4e0c28cae.

[Wil02] WILSON, MARTIN N.: *Superconducting Magnets.* Reprint. Oxford: Clarendon Press, 2002

[XCX08] XIE, Y.; CHEN, Y.; XIONG, X.; LENSETH, K.; MARCHEVSKY, M.; RAR, A.; QIAO, Y.; KNOLL, A.; SCHMIDT, R.; HAZELTON D.; SELVAMANICKAM, V.: *Status of 2G HTS Wire Technology Development and Manufacturing at SuperPower*. Tsukuba, Yapan, 2008. URL http://www.superpower-inc.com/content/technical-documents.

[XMZ09] XIE, Y. Y.; MARCHEVSKY, M.; ZHANG, X.; LENSETH, K.; CHEN, Y. M.; XIONG, X. M.; QIAO, Y. F.; RAR, A.; GOGIA, B.; SCHMIDT, R.; KNOLL, A.; SELVAMANICKAM, V.; PETHURAJA, G. G.; DUTTA, P.: *Second-Generation HTS Conductor Design and Engineering for Electrical Power Applications*. In: IEEE Transactions on Applied Superconductivity 19 (2009), Nr. 3, S. 3009–3013

[XTH07] XIE, Y. Y.; TEKLETSADIK, K.; HAZELTON, D.; SELVAMANICKAM, V.: *Second Generation High-Temperature Superconducting Wires for Fault Current Limiter Applications*. In: IEEE Transactions on Applied Superconductivity 17 (2007), Nr. 2, S. 1981–1985

[Zue98] ZUEGER, H.: *630 kVA High Temperature Superconducting Transformer*. In: Cryogenics 38 (1998), Nr. 11, S. 1169–1172. URL http://www.sciencedirect.com/science/article/B6TWR-3VCDFGT-F/2/2b2fffc684866fe78667274080522603